はじめに

1957（昭和32）年6月、ぶどう色の通勤型モハ72系の次世代を担う、目にも鮮やかなオレンジバーミリオンを纏ったモハ90形の試運転電車が大阪・東京駅に姿を現した。従来のぶどう色や湘南色、スカ色とは異なる全金属車体の明るい色彩は街に映え、大いに注目を集めた。

カルダン駆動を採用した国鉄初の新性能電車として製造されたモハ90形試作車10両は、今後製造される新車種の開発を視野に入れた種々の性能試験や高速度試験等に使用された後、同12月には中央線東京〜三鷹間で営業運転が始まり、翌1958年2月には早くも試作車に続く量産車が完成、中央線に本格的な投入が始まった。そして各種試運転の結果に基づき、モハ90形をベースとした特急・準急、修学旅行用などの新性能電車のラインナップが、1959年までのわずか2年足らずの間に出揃った。

1953（昭和28）年4月に客車と電車は車両称号規定の大幅な改正を実施、戦前型車両の2ケタ数字に整理統合された。動力近代化の進展に伴い電車時代が到来し、番号が限界に達することから、1959年6月に再度形式番号規定を改定、新性能電車の形式番号を100から始まる3ケタ番号の形式に移行した。それによりモハ90形は101系に

田町電車区検修庫内のモハ90502ほか。
1957.6.30　P：大那庸之介

改番されることになった。

　本書では、国鉄新性能電車の登場当初にあたる2ケタ番号時代をひとつの到達点として、その駆け出しの頃の初々しい姿を紹介するとともに、その開発に至るまでの試行錯誤の過程を振り返る。最初となる本巻は通勤型モハ90形を対象に、その先代である戦時設計の通勤車モハ63形から改良を重ね、桜木町事件を契機とした緊急特別改造とその後に続く更新修繕工事によりモハ72系への進化、全金属車体の試作と量産を経てモハ90へと繋がる、走り装置や車体への新しい技術の導入と、デザインの進化や外観の変遷を追っていく。

　そして新性能電車の開発から製作中、落成直後、回送、各種の試運転から営業入り直後までの様子について、特に初期のモハ90や特急「こだま」で行われた高速度試験についてこれらの車両の設計を担当された国鉄臨時車両設計事務所の主任技師であった星 晃氏ご自身が「わが国鉄時代」と名付けてまとめられていた国鉄在職時代の写真アルバムを交えながら、そのひとつひとつへの思いとその後の全盛期には見られない試作車・初期車ならではの姿や形を、今後刊行となる続編にも跨って時系列的にご紹介する。

序　モハ90に始まる2ケタ形式の新性能国電

　国鉄モハ90形は、1957(昭和32)年に中央線に登場したオレンジ色の通勤電車で、軽量高速回転のモーターを台車に装荷したカルダン駆動方式を国鉄で初めて採用した、いわゆる「新性能電車」である。車両メーカー4社と国鉄大井工場で製造されたモハ90形試作車10両は、すぐには営業には入らず、種々の性能試験や高速度試験や試作の空気バネ台車試験等に使用された。

　その高性能に自信を深めた国鉄は同年11月に、東京～大阪間のビジネス特急を1958(昭和33)年秋より運転開始することを発表。モハ90形の走り装置を基とした特急電車の開発が本格的に開始された。そして1958年9月にはクハ26・モハ20・モハシ21・サロ25形からなる初の新性能特急型電車が完成、試運転の後同年11月1日に特急「こだま」として東海道本線の東京～神戸間で運転が開始された。一方、同じ11月1日の午後には東京～大垣間で湘南型モハ80系後継の新性能電車として作られた準急電車モハ91形が「準急比叡」大垣行として営業運転を開始、新性能電車による優等列車運転の幕が開けた。

　続いて1959(昭和34)年4月20日には、準急モハ91形を基に東京と大阪地区からの修学旅行専用電車として団体臨時輸送向けに3人掛け＋2人掛けとして座席定員を増やしたり、室内設備に工夫を加えたりしたモハ82形による臨時準急「ひので」・「きぼう」が運転開始。同年3月には九州地区の交流電化用の試作車としてモヤ94形(94000の1両)が完成し、交流区間である北陸本線敦賀機関区に配備された。僅か2年足らずの間にモハ90形通勤電車をベースに、特急、準急、そして1両単車の近郊型の交流試作車の新性能電車が次々に開花した。

　一方、国鉄の客車と電車の車両形式は、1953(昭和28)年4月に制定された戦前型電車や客車を2ケタ番号への整理を主とした称号・形式規定によるもので、戦前型の電車は10～60番代、戦後型は70～80番代が付番された。その結果、空いている番号は末尾の90番代と20番代のみとなり、形式番号改定後僅か4年で、新性能電車の登場を前にして2ケタ番号を使い果たすギリギリの状況となっていた。そこで、1959(昭和34)年6月に新称号・形式番号規定を改定し、新性能電車についての新しい番号を設定、100から始まる3ケタ番号の形式に移行された。

　この改番によりモハ90形・サハ98形の各形式は101系、モハ20形を含む4形式は151系、モハ91・クハ96・サロ95・サハ97形の各形式は153系、モハ82・クハ89・サハ88形の各形式は155系、モヤ94はクモヤ791形に変更された。

　本シリーズでは、これらの黎明期の新性能電車を対象に、その改番前の姿である、登場当初の2ケタ番号時代に焦点を当てて、登場初期ならではのさまざまな試行錯誤が形に現れる姿に絞って紹介する。それらの車両の全盛期を含めた全生涯を網羅してしまうと、初期の部分はほんの一瞬にしか過ぎないためで、101・151・153・155・クモヤ791時代は原則として取り上げない。

国鉄の2ケタ形式由来の車両が勢揃い。左より157系クモハ157形(計画時モハ22形)、クハ153形(旧クハ96形)、151系クハ151形(旧クハ26形)、155系クハ155形(旧クハ89形)。　1959.8.18　田町電車区　P所蔵：星 晃(わが国鉄時代)

1939(昭和14)年度製造のクハニ67007。ノーシル・ノーヘッダーの全溶接ボディ、張り上げ屋根に流線形のケースに収められた前照灯など、工程の簡易化を図りながらも平滑な車体が印象的。
P所蔵：星　晃

1．戦時下の国電

　国鉄の新性能電車のトップバッターである通勤型のモハ90形は、そのルーツを遡ると1944(昭和19)年の戦時下に誕生したモハ63・クハ79・サハ78の「63形」になるが、ここではその63形登場までの背景として、戦前に遡って国電の歴史について触れておきたい。

　1937(昭和12)年7月に始まった日華事変をきっかけに、日本と中国は11月に戦争状態に拡大。アメリカ、イギリスによる経済封鎖に発展し、1938年3月24日の国家総動員法案成立・5月5日同法実施以来、電車線延長事業はその圧力により緊縮に傾いた。

　1941(昭和16)年12月の日米開戦によりわが国は太平洋戦争に突入、輸送サービスは戦時輸送に切り替えられ、1942(昭和17)年9月11日に国鉄機構簡素化により運転部電車課は列車部事務課に縮小。さらに空襲下には常在戦場の運転実施で定期券旅客以外の乗車禁止に追い込まれた。戦争に明け暮れた7年間は全ての施策が現状維持から縮小削減に移行し、施設・車両は機能低下から荒廃に転じた。

　1935(昭和10)年前後に計画されていた電化・増線計画はその大部分が戦争により中止となった。施設と車両の併用による投下資産の縮小、最大の奉仕精神による国家の福利増進などの題目が唱えられた。「欲しがりません、勝つまでは」である。そして1941(昭和16)年以降、戦時体制の強化とともに国策的見地から地方鉄道の国有化による買収・編入が行われた。

■1939(昭和14)年度　新製車：60両

・モハ60形×28両／モハ54形×3両
・サハ57形×13両／クハ55形×10両
・クハニ67形6両

　1939(昭和14)年度は前年度から引き続き在来型の増備であるが、モハ60は主電動機が125KWのMT30を搭載してモハ54に続く新形式とした。20m車体3扉片運転台車のモハ54とモハ60、その付随車サハ57、荷物室を備えた客室合造制御車クハニ67形で、いずれもセミクロスシート車である。

　車体は正面が丸妻でリベットを廃した全溶接構造。窓周りの外帯をなくしたノーシル・ノーヘッダーで屋根は鋼板製の張上げ。上部に雨樋が付き、前照灯は流線形のケースに収められ、車体は溶接技術の向上が感じられるスマートなスタイル。工作簡易化による完全電気溶接と窓帯を車体外板内に隠し、室内化粧板の簡略化と押縁材料節約としている。

　落成は1939(昭和14)年10月〜1940年11月であるが、モハ60の一部は無電装で就役した。

1939(昭和14)年度製造のモハ60010。張り上げ屋根の滑らかな全溶接ボディは、戦前の頂点ともいえるスタイルである。　P所蔵：星　晃

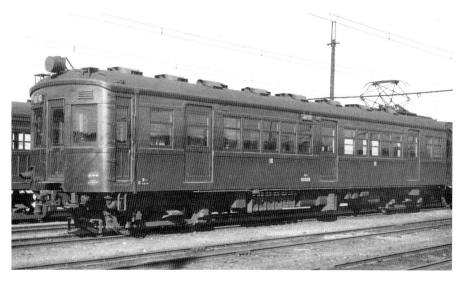

1940(昭和15)年度製造のモハ60056。前年1938年度に比べ、車体はシル・ヘッダーが窓の上下に巻かれ、屋根板・雨樋が木製、取付式の前照灯となって、1935(昭和10)年製をノーリベットにした車体に戻ってしまう。
P所蔵：星 晃

■1940(昭和15)年度　新製車：80両
・モハ60形×36両／モハ54形×4両
・クハ55形×18両／サハ57形×22両

■1941(昭和16)年度　新製車：41両
・モハ60形×41両

■1942(昭和17)年度　新製車：24両
・モハ60形×20両／クハ55形×4両

　1940(昭和15)年度以降の新製車は資材節約による戦時即応型で、同一形状のものが3ヶ年製造された。
　特徴は屋根・雨樋の木製化、渡り板の廃止、縦樋の車体外部露出、旧型の前照灯使用と窓上下帯の再露出（帯幅縮小）、側引戸の鋼板省略、室内化粧板の省略と押縁窓枠幅縮小等で、金属の使用を減らし、車体はウィンドウ・シル、ウィンドウ・ヘッダーが窓の上下に回った一時代前のスタイルに後退した。形式の登録は1939(昭和14)年12月4日だが、製作遅延が続出し、モハは大部分が無電装就役で、1942(昭和17)年度のクハは制御機器なしの「サクハ」で就役した。

■1943(昭和18)年度前期　新製車：3両
・モハユニ61形×3両

　1943(昭和18)年には兵器類が簡易設計に切り替えられ、鉄道車両も構造機能の低下が強要される。横須賀線用のモハユニ61形はセミクロス座席の荷物・郵便室付の制御電動合造車として1939(昭和14)年12月4日に登録。製造見送りのうちに設計変更されて雨樋が簡略となり、座席がロングになった。落成就役は1944(昭和19)年1～10月で、わずか3両の新製が長期に延引される事態になった。2両目以降はクハユニで就役。座席の布団も板で代用の座席半減車であった。1943(昭和18)年度は戦時設計により電気暖房装置は設置しなかった。

左は赤羽線で運用されるモハユニ61002、右はモハユニ61003製造時の妻面標記(昭和18年汽車會社製)。このモハユニ61002と003は最後まで電装されることなくクハユニ56011・012となり、両車とも1983(昭和58)年まで飯田線での活躍が見られた。
左：1949.1.30　池袋　P：中村夙雄／右：1946.6.13　池袋電車区　P：沢柳健一

1945(昭和20)年3月田中車輌製のモハ63013の敗戦直後の姿。1943(昭和18)年度の一次車14両は無電装で落成、モハ63013は電装されずに1953(昭和28)年9月に大宮工場でクハ79242に改造された。　　　　1946.6.13　池袋電車区　P：沢柳健一

2. 63形の時代

　20m級国電では初の4扉車として、モハ63形・サハ78形・クハ79形の3形式が1944(昭和19)年に登場する。戦時下で急激に増加する輸送需要に合わせて開発された通勤電車である。

　太平洋戦争に突入後、次第に敗色が濃厚になっていた時期で、鉄道車両は戦時設計を余儀なくされ、必要最小限の機能以外をすべてそぎ落としたような「限界設計」とされた。車体は切妻で側面は窓ガラスを小さくした三段窓。室内は腰掛が半分のみ設置され、金属の使用を極力排除したために窓や扉の金具は省略。垂木が露出した天井に張られた天井板は中央のみで室内灯は裸電球。吊革と吊り手は一部のみで暖房はなし。それどころか主電動機や運転に必要な制御機器までもが資材の入手難で装備できず未電装のまま完成。もはや電車とは言えず、モーターの生きた他の電車に引っ張ってもらうだけの客車という惨状であった。

　1945(昭和20)年の敗戦後、翌年からモハ63形の本格的な量産とともに鉄道の復興が始まり、戦災に遭って車両不足に陥った一部の私鉄にもモハ63形の割当生産が行われて復興の原動力となる。しかし、1951(昭和26)年4月に桜木町駅構内の架線垂れ下がりによる漏電でモハ63形が全焼。車内からの脱出を阻む三段窓や室内からドアを開けるドアコックの不備などから100名を超える死傷者を出す未曾有の大惨事を引き起こしてしまう。同車の欠陥が指摘され世間から大きな批判を浴びる中、国鉄は全力を上げて貫通幌の設置や屋根の不燃化対策の緊急改造工事を同年11月までに施行。翌1952年からは続けてモハ72・モハ73への改造工事を行って、悪名高きモハ63形が消滅した。次項よりその登場の経緯と過程の詳細を記述する。

上写真のモハ63013の室内。腰掛は縮小され、骨格が露出した天井は「助骨天井」と呼ばれた。ポツンと灯った裸電球を見上げて何を思っただろうか。　　　1946.6.13　池袋電車区　P：沢柳健一

クハ79016。1944(昭和19)年10月に大井工機部で木造車サハ19043から改造された。台枠を流用したため、前面の裾の下がった形状が特徴である。尾灯の形状が左右で異なる。
　　　　　　　　　　　　　　　　　　　　　　　　　　　　　　　　　　　　　1949.9.1　東京　P：沢柳健一

2.1　63形の概要

　モハ63・クハ79形・サハ78形の中では木造車鋼体化改造車のクハ79が最も早く、1944(昭和19)年5月に完成。新造のモハ63形とサハ78形はほぼ同じ時期の8月に車体は落成していたが、モハは電装品が間に合わず、無電装のまま遅れて同年12月に登場した。モハとは名ばかりで、モーターも主制御器も運転機器もないので実質的にはサハと何ら変わらない、通称「サモハ」と呼ばれる無電装の付随客車である。

　1947(昭和22)年5月1日発行の東京鐵道同好会(現・鉄道友の会の前身)発行の機関紙『Romance Car』1947年・No.3「モハ63など」で、当時車両メーカーの汽車会社に在籍されていた根本 茂氏が「戦時中に『戦時設計』の名目の下で製作された車の後を受け継ぎ、終戦後の資材難・人手不足・技術低下等を考慮して大量の新造を余儀なくされた」と述べている。続けて以下のように、太平洋戦争前後の我が国の窮状を伝えている。

　「戦時中の不如意な制約下で実用一点張を眼目として設計されたものであるから、終戦以来一年有余を経た今日に至りポツポツ出廻って来て見るとなんとなく見劣りのする情けない車である。然し乍ら、戦災で現用車輛の約1/4を損傷し、手入れ不十分に依る故障続出で日々数を減じつつあった省電であってみれば、少しでも早く少しでも多くの車を増加せねばならず、さりとて終戦以後資材も充分でなく製作施設の弱体化・制作技術の低下等の原因が影響し、昔日の如き車輛の

1946(昭和21)年6月近畿車輛製で、落成直後のサハ78101。雨樋がなく、屋根布の折返し部分が見える。
　　　1946.10.25　田町電車区
　　　　　　　　　P：沢柳健一

製作には急場を間に合す事ができず、其の様な簡易化された車が出現する事になったのである。(以下略)」

63形の車体は従来の20m3扉車モハ60のような丸い妻面を廃した切妻で、屋根以外から曲面をなくし、車体外板は全て平板という、曲げ加工を徹底的に排除した極度の戦時型を感じさせる実用本位のデザインであった。いわば有蓋貨車を長くしたようなスタイルで、屋根上の通風器は従来の2列のガーランド式から煙突のような円柱状のグローブ・ベンチレーターが中央1列に並び、一目で新型車63形とわかる特徴的な外観となった。切妻となった正面と連結側とともに上部に鎧型の巨大な通風口が設けられ、従来の丸みを帯びた正面の優雅なスタイルは消え去った。

一方、工作は粗雑で台枠は露出し、1.6mm厚の車体の外板は歪取りもせず、溶接部を砂吹きせずの結果、丸みのないベコベコの車体にガラスが細切れの三段窓の4扉通勤電車という醜悪なスタイルが出現した。

室内は三段窓となってガラスのサイズを縮小。現場合わせの不揃いな寸法でガラスは平面性のない粗悪品を使用した。側窓は鋼体化クハ65の一部で試用された三段式として中段は固定。上下段は開閉式となって、窓ガラス戸は三分された。さらに簡易化され、窓戸錠は省略し、簡単な手掛溝を穿ち(彫り)引掛けておくだけで金具類も節約した。カーテンも窓止棒もないが、将来取付ける際には簡単に取付けられるように木でその部分を埋めてある。窓廻りの添ゴムも省略。

一方、軍需産業とみなされたベアリング工業は、敗戦後にGHQの手により破壊される寸前にあったが、車両へのコロ軸の採用は軍需から平和産業への転換ということでベアリング工業の存続が許され、重工業の基礎産業としてその後の発展への道を開いた。

1944(昭和19)年から1951(昭和26)年までにモハ63形は鉄道省・国鉄の688両の他に運輸省から私鉄向けに116両と自社発注の東武2両と小田急2両を含む私鉄向け120両を合わせて808両、サハ78が141両、クハ79は木造車鋼体化名義で8両が製作された。

1945(昭和20)年に入ると大都市周辺は度々空襲に見舞われた。東京では4月13日の城北大空襲でクハ79005が池袋で焼失。同月15日の城南京浜大空襲ではサハ78形001・003・004の3両が蒲田で全焼して失われた。5月24日の山手空襲ではクハ79009が蒲田で全焼、台枠を流用して1946年にオハ71 123に生まれ変わったが、新製間もない4両は廃車となった。その他サロ45やサロハ66の4扉改造車サハ78の7両が戦災で焼失。うち1両はマニ72 1に改造され、2両は東京急行電鉄に譲渡された。

モハ63形は戦災による廃車はなかったが、戦後から昭和26年までに事故により23両もの車両が廃車となっている。そのほとんどが漏電等による焼失である。この中には1949(昭和24)年7月15日の三鷹事件で暴走・大破して廃車となった2両があり、そして23両目が1951(昭和26)年4月24日の桜木町駅で発生したモハ63の全焼によるものである。

1944(昭和19)年の垂木が露出した天井で、天井板は中央部のみで、金属を極力排除し、窓錠は省略され、木製の吊り革とモケットのない木製の腰掛。暖房もなくグローブ無しの裸電球という究極の戦時設計。航空機用のジュラルミンを使用したジュラルミン車の登場。敗戦後しばらくの間は車体が完成しても主電動機や電装品の部品の供給が間に合わず、付随車として使用するための機器も入手できない有様で、車体完成から半年以上、1年を要して電装工事を終えて完成にたどり着くという車両が続出した。

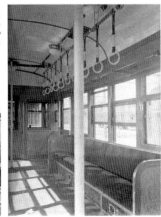

63形製造に先立ち、三段窓が試験的に採用された鋼体化車両のクハ65188(外観と室内)。窓錠やセンターポールも取付けられている。戦災に遭い、1946(昭和21)年1月の廃車後、西武鉄道に譲渡された。　1943.4.20　津田沼電車区　P(2枚とも):沢柳健一

1943(昭和18)年度の木造車鋼体化改造で、1945年に大宮工機部でクハ79024として落成。TR11台車を履いている。雨樋は取付けられておらず、各扉上に水切が設置されている。
1954.11.3　津田沼電車区
P：沢柳健一

2.2　製造年次ごとの詳細

■1943(昭和18)年度

・クハ79形×8両
　002・004・005・009・012・016・024・025
・モハ63形×14両
　001～006：川崎、007～014：田中
・サハ78形×8両
　001～004：川崎、005～008：田中

　1943(昭和18)年後期で新製されたモハ63形は極度の戦時型で、1944(昭和19)年8月以降に車体は落成していたが、1945(昭和20)年2月までに無電装のままで就役の奇数方向車である。サハ78形は1944年5～10月落成で、車両メーカーは川崎車輌と田中車輌である。

　クハ79形は木造車の台枠流用の鋼体化改造車で、モハ63形同様の車体を載せて鉄道省大宮工機(後の国鉄大宮工場)で30両以上を計画。1944年5月～1945年1月に7両のみの落成となった。旧型台枠流用のため、妻板下部の外板が下に張り出しているのが新製車とは異なる特徴であった。

　なお、1945(昭和20)年の空襲でクハ79005・009、サハ78001・003・004が焼失。製造後僅か1年で早くも5両が廃車となった。

■モハ63形 形式図

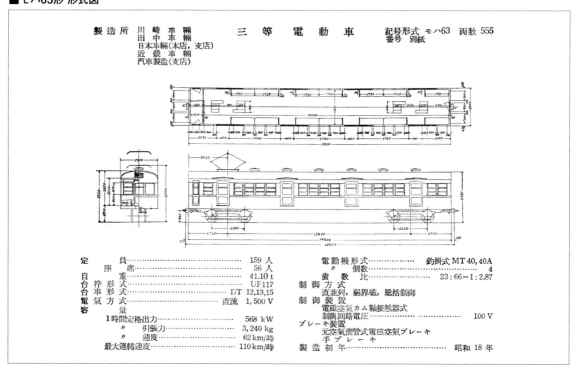

10

連合軍専用車として白帯が巻かれたモハ63142。1946(昭和21)年6月に川崎車輛で車体が完成し、同年12月に電装されて落成した。1952年3月に日本車輛で中間車化されてモハ72054になった。　1947.11.3　東京　P：沢柳健一

■1946(昭和21)年度

・モハ63形×321両
　015～045〔奇〕：日車、053～127〔奇〕：日車、
　143～183〔奇〕：日車、016～044〔偶〕：川崎、
　054～062〔偶〕：川崎、068～082〔偶〕：川崎、
　092～096〔偶〕：川崎、102～178〔偶〕：川崎、
　182・184：川崎、186～190・198～202・
　212～218・228～246〔いずれも偶〕：汽支、
　211～217・221～243〔いずれも奇〕：汽支、
　245～283〔奇〕：日車、285～299〔奇〕：日支、
　266～270〔偶〕近畿、286～364〔偶〕近畿
・サハ78形×50両
　100～139・190～199：近畿

1945(昭和20)年度と1946年度を統合してモハ63形×350両・サハ78形×150両の合計500両が計画された。

　従来、鉄道省の電車は車体・台車を車両製造会社で製造して電装工事を鉄道省の工場で施行していたが、戦災で被災した車両の復旧に追われて余力がないため、電動車の電装工事は外注となった。この計画は不稼働モハの激増により生産途中の1946年10月にモハ×460両・サハ×60両の合計520両に変更し、モハの生産数が110両増えてサハは90両減となった。

　車体は長桁と側窓上下の外帯と幕板帯のサイズが変わり、外帯は100×12mmが75×9mmに、幕板帯は65×6mmが75×9mmとなって、外帯と幕板帯が統一された。その結果、ウィンドウ・シル幅は約120mmが約96mmに、ウィンドウ・ヘッダー幅は約70mmが約

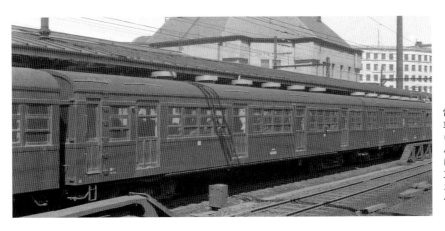

電装や制御機器が不足し、付随車代用として製造された1946(昭和21)年8月日本車輛のサモハ63081。側引戸は木製で雨樋はない。撮影直後の6月に大宮工場でクハ79226に改造された。モハとクハの側引戸は4枚すべてが後位側に向かって開く。
1953.4.29　東京　P：沢柳健一

モハ63027。1946(昭和21)年度製で同年6月に日本車輌で車体完成、12月に大井工務部で電装して落成した。母線カバーが付いている。この撮影直後の7月に汽車東京支店でモハ73333に改造された。
1953.4.29　東京　P：沢柳健一

80mmとなったのでウィンドウ・シルは細く、ウィンドウ・ヘッダーは僅かに太くなって外観の印象が変わった。

室内は木製腰掛を定数整備して、モハは暖房機を8台設置した。

台車はTR35(DT13)が基本であるが、戦災を受けたTR25(DT12)も相当数あった。サハ78形は初期車が戦災台車のTR23で、サハ78117位からTR36を履いた。またサハ78形の一部にはMD1、OK1といった試作台車が取り付けられたことがあった(後述)。

車両メーカーは川崎車輌、田中車輌改め近畿車輌(1945年11月に全株式を近畿日本鉄道が取得)、日本車輌本店、日本車輌東京支店、汽車会社東京支店の5社による大量生産となったが、1945年の空襲で被災した汽車会社東京製作所や同年2月から7月までに4回の大空襲を受けた神戸市は焦土と化して、川崎車輌兵庫工場は工場建物の58%が消失、設備機械も37%が使用不能になるなど、大きな被害を受けた。

1946(昭和21)年8月になって汽車会社東京支店は初のモハ63186を出荷して操業を再開。同年度はモハ63形×70両を生産した。日本車輌東京支店は同年11月のモハ63285より同型の生産に入り、同年度内に8両と後述の私鉄向け12両を生産した。

1946(昭和21)年度はその後さらに次に述べるジュラルミン製試作車(ジュラ電)×10両が追加で計画されたが、実際は6両にとどまった。

1946(昭和21)年6月近畿車輌製のサハ78102。サハ78の戦後の増備車は100番代となった。雨樋がなく扉上に水切が付き、木製側引戸で原形を保つ姿。サハの側引戸は車体中心から車端部に向かって開く。
1953.5.16　東京　P：沢柳健一

「ジュラ電」ことジュラルミン製車体のモハ63901を先頭にした京浜線6両編成浦和行。この時点では未塗装車体のままで、窓下に緑帯が巻かれている。1947(昭和22)年2月の営業入りから年月が経過したため汚れが目立ち、この直後にぶどう色に塗りつぶされた。
1950.7　浦和　P：宮澤孝一

2.3 「ジュラ電」の登場

- モハ63形×3両　900〜902：川崎
- サハ78形×3両　200〜202：川崎

　敗戦により大量の在庫を抱えていた航空機用ジュラルミンの活用を目的として、1946(昭和21)年度に川崎車輌でジュラルミン製車体のモハ63形900番代・サハ78形200番代の計6両を製作し、翌1947年1月末に完成した。

　車体構造はモハ63形を基本とし、台枠と鋼体骨組は鋼材であるが、車体外板・天井板・室内各部にジュラルミン板を多用した。当初ジュラルミン板は厚さ1.6mmを使用したが、強度上不安があったので2.3mmに変更した。また、ジュラルミンは溶接が出来ないので直径6mmのジュラルミン製リベットで接合された。腰板はもとより、窓枠・窓の把手・網棚受・引戸・開戸等々、随所にジュラルミンを徹底的に使用した。腰掛はモケット張りで、天井灯には蛍光灯を使用したため、他の車両に比べひときわ明るい室内となった。

　車体外板のジュラルミンは表面をバフ仕上にしてクリアラッカー塗装とし、窓下と裾の台枠側部分に赤色帯を入れたが、完成直前になって窓下のみ緑色帯に変えられた。窓下に緑色帯入りの銀白車体は京浜線の名物となったが、汚れが激しいために1948(昭和23)年には他の一般車と同じくぶどう色1色に塗装されている。

1946(昭和21)年11月に川崎車輌で製造された、ジュラルミン製車体を持つサハ78200。写真はぶどう色に塗装された姿。リベットで「ジュラ電」の見分けが付く。後に全金属車体に改造され、サハ78900となった。200番代の3両以外、サハ78の新製車はすべて近畿車輌製である。
1952.3.30　有楽町
P：伊藤　昭

東武鉄道モハ6328。1947(昭和22)年3月汽車支店製省モハ63219で、電装がないため当初東武クハ319となった。1950年6月に電装化してモハ6328に改番された。写真は三段窓時代で、車号や社名を見なければ国電と区別が困難である。
1951.9.24 池袋
P所蔵：小池 潤

3．私鉄割当のモハ63形

1945(昭和20)年の敗戦当時、国鉄だけではなく全国の各民営鉄道では戦災のため多くの車両が被災し、加えて資材の不足と酷使による故障車の続出等で稼働車が大幅に減少していた。そこで運輸省では各私鉄向けにモハ63を新造して割り当てることになり、1946(昭和21)年以降、63形の入線可能な私鉄に投入していった。

これまで20m級車両の在籍がなかった私鉄では、入線に際し限界拡張のための工事が必要となったものの、それが結果的に後の輸送力増強を容易にし、私鉄各社の輸送改善に大きく貢献した。

3.1 東武鉄道向

- 東武モハ6300〜6319(←国鉄モハ63形×20両)
- 東武クハ300・301(←東武クハ7800・7801：日車)
- 東武クハ302〜319(←国鉄モハ63形×18両)
- 東武モハ6320〜6326(←名鉄モ3701・3707〜3710・3702・3703)

改造により二段窓になった東上線モハ7311＋クハ303池袋行。7311は1946(昭和21)年10月汽車支店製モハ63224で、東武モハ6311→7311と改番された。 1953.1.16 下板橋 P：丸森茂男

- 東武クハ320〜326(名鉄ク2701・2707〜2710・2702、2703)

東武へのモハ63形の割当は1946〜47(昭和21〜22)年にモハ×20両・クハ×20両の計40両が入線。他社は10編成20両の払い下げであったのに対し、東武は自社発注の2両を含めて2倍の両数が割り当てられた。さらに1949(昭和24)年に名鉄向20両のうち、14両が東武に譲渡された結果、東武には私鉄最多の54両のモハ63形が在籍となった。

1946(昭和21)年7月のモハ63046・63048を第一陣として1947(昭和22)年までに40両が入線。省から割り当てられた東武向けの63形は、電動車が偶数車、制御車は奇数車に統一されていた。東武の発注による2両には省の番号はなく、クハ7800・7801という形式番号が与えられた。そして1951(昭和26)年の大改番によってモハ6300形・クハ300形となった。

後述の桜木町事故後の1951(昭和26)年10月より二段窓化が始まり、1952年から貫通幌が付いて、座席の改良が行われた。1953年10月に天井張りと放送装置の取付、室内灯の2列化改造が始まり、1957(昭和32)年2月からは蛍光灯化が行われた。

3.2 名古屋鉄道向

- 名鉄モ3701〜3710(←モハ63形×10両)
- 名鉄ク2701〜2710(←モハ63形×10両)

1947(昭和22)年に運輸省より10編成20両が配給されたモハ63形は、名鉄モ3701＋ク2701〜モ3710＋ク2710(いずれも初代)となった。当時の同社線は神宮前を境に豊橋方の東部線が1,500V、新岐阜間方の西部線は600Vであったため、63形は東部線用に配置された。

1948(昭和23)年5月15日の西部線昇圧で豊橋〜新

南海本線モハ1506＋クハ1953難波行。1506は1947(昭和22)年6月近畿車輌製で、中央に見える電動空気圧縮機は三菱製のようである。後ろのクハは電装解除で生まれた形式である。二段窓改造後の姿で、ガーランド式通風器が特徴。
1963.1.25　泉佐野　P：丸森茂男

岐阜間の直通運転が始まったが、東枇杷島〜西枇杷島間の庄内川橋梁の急カーブがネックとなって栄生以西の入線ができないため、東武に14両、小田急に6両が移籍し、名鉄からは消滅した。

3.3　近畿日本鉄道（→南海電気鉄道）

- 南海モハ1501〜1510（難波寄運転台）
- 南海モハ1511〜1520（和歌山寄運転台）

（←モハ63形×20両）

　近畿日本鉄道から1947(昭和22)年6月1日に南海電気鉄道となり、モハ63形20両全車が電装付きでメーカーは同社系列の近畿車輌で製造。63形の中では唯一の600V車である。天井板が張ってあり、換気孔が2列、室内灯は南海式の鈴蘭型のシャンデリアで、2灯又は3灯を固めたもの。運転室は全室式で仕切はガラス張り。屋根上のベンチレーターは他形式と同様のガーランド形2列配置。座席は全車ラテックススポンジ製。正面妻部のヨロイ形ベンチレーターはなく、南海の羽根車マークが描かれ、窓下腰部に車番があったが、暫くして両方とも塗り潰された。全周に雨樋が付いた他に、上部に水切も取り付けられた。

　緑色のモハ63形変じた南海モハ1501形は見違えるような外観で、63形割当車としては最も見栄えの良い車となった。特に配線を電線管に収めたことは保守の安全のために適切な措置で、省型の粗悪な材料の被覆電線を一枚板の棚の上に載せただけでは短絡による重大事故発生の危険が大きく、実際に火災事故が頻発していた状況からも容易に想像できる。三段窓は桜木町事故と相前後して二段上昇式に改造された。

3.4　山陽電鉄向（広軌車）

モハ63形×10両→山陽モハ800(→700)形
モハ63形×10両→山陽クハ800(→700)形

　山陽電鉄では1945(昭和20)年の敗戦当時、在籍する80両のうち大半が戦災を受け、稼働車はわずかに30両という状況に陥った。そこで運輸省に20両の63形の割当を申請したところ、車両限界や軌道の問題で取消されたので、大型車の運行に適するよう、施設全般に亘る改修と架線電圧を全線1,500Vにするなどの大改造を行うという決断を会社が示し、再度の申請

併用軌道を走る山陽電鉄708+709急行姫路行。1947(昭和22)年2・3月の川崎車輌製63808・63809で、808・809を経て708・709に改番された。側窓は三段窓に見えるが、よく見ると中段を下段窓化して下段ガラスが2枚の二段窓のようである。
1953.4.13　長田交差点
P：丸森茂男

の結果、ようやく20両を入手した。

山陽では当初省番号63800～63819のままで営業入りした後、頭の番号63を外して800～819となった。偶数が電動車で奇数が制御車である。割り当てられたモハ63は1946～47（昭和21～22）年後半の川崎製500番代のものに該当。電動車は偶数車、制御車は奇数車仕様である。乗務員室は3分の2型で、客室引戸は木製、天井は山陽の希望で特にジュラルミンを張った。腰掛は座布団付である。

空気溜吊方はモハ40系に準じ、制御器位置は車体中央記号番号標記真下。A動作弁は制動筒に直接取付のものと弁取付座に取付のものがあり、電線は木製樋の中に収納という仕様であった。

1947（昭和22）年5月から網干線で使用開始。順次改良工事が進み、1948（昭和23）年12月25日には全線1,500V昇圧に伴うダイヤ改正が行われ、大型車モハ63改め山陽800形による全線での運転が可能となった。

1949（昭和24）年秋から冬にかけての定期検査と併行した改造で、車体塗色を上半部黄色・下半部群青色の塗分けに変更。屋根と外幕板の境界に水切が設けられた。連結部に貫通幌を設置、乗務員仕切板の運転士背面に下降式の開閉可能なガラス窓が設置され、形式は700～719に改番された。

その後、腰掛に背摺が取付けられて奥行きを拡大し、トロリーポールからパンタグラフに切替でパンタに不慣れのため破損が多く、破損の度にパンタをPS13から三菱S-710-Cに取り替えられていった。

三段窓は冬期のすきま風防止のため、上段固定の二段上昇式に改造し、保護棒も取付けたが、1950（昭和25）年秋より26年春にかけて桜木町事故に鑑み、保護棒をやや低い位置に移設して窓から脱出しやすく改造した。床下配線は電線管に収めて危険防止を図った。

3.5　東急小田原線・厚木線向

●小田急デハ1801～1810（←モハ63形10両）
●小田急クハ1851・1852（←東急クハ1851・1852：日車）
●小田急クハ1853～1860（←モハ63形8両）
●小田急デハ1811～1813（←名鉄モ3704～3706）
●小田急クハ1861～1863（←名鉄ク2704～2706）

後に小田急電鉄となった東京急行電鉄小田原線では、当初モハ＋クハの2両編成10本の20両を購入。電動車は偶数車、制御車は奇数車である。

1946（昭和21）年8月に経堂に最初に入ったのは日車支店製のクハ1851・1852で、省の車番はなく社車番であった。続いて入ったデハ1801・1802と連結して10月より営業に入った。その後1803～1808・1853～1858が入線。1946（昭和21）年12月26日に厚木線（当時東急にて委託経営中、その後の相鉄）が600Vから1,500Vに昇圧したので同線に配属となった。

1947（昭和22）年に1809・1810、1859・1860が小田原線で使用開始。当時、63形は急速増強が行われていたためメーカーから直接入線せず、一旦三鷹や津田沼電車区に入った車や、経堂に入ったものの方向が逆のために再度省線に出て、方向転換してから入ってきた車もあった。省番号で入った車は使用開始前に車番を書き直した。また、1947（昭和22）年11月には相模鉄道の委託経営解除により、1806～1808、1856～1858の6両が相模鉄道に譲渡された。

東急から分離後の1948（昭和23）年には名鉄向け20両のうち6両が小田急に譲渡され、名鉄モ3704～3706→小田急デハ1811～1813、名鉄ク2704～2706→小田急クハ1861～1863として入線した。

入線後は台枠の補強を行ったほか、在来63形には中心ピンが入っていないため脱線或いは踏切事故の場合に損傷が大きく、復旧に手間取ることが多かったの

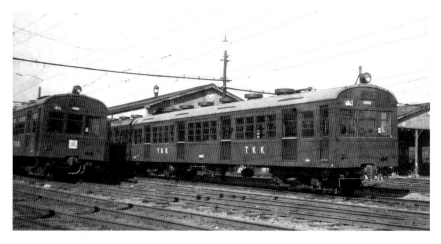

小田急電鉄として独立前の東急当時、T.K.K.の標記で新製投入されたクハ1852。クハ1851は1946（昭和21）年7月、1852は8月の日車支店製で、その直後の姿。
1946.10.1　経堂工場
P：荻原二郎

小田急デハ1807+クハ新宿行。三段窓時代である。
1951.11.25　千歳船橋　P：佐藤進一

で中心ピンを通した。天井はすべて張って、1600形と同型のグローブを取り付けた。一時、1801号等には潜水艦に使用していたグローブを使ったことがあった。また、雨樋を取付けて縦樋は両妻部に下した。パンタグラフの一部変更を行い、小田急ではほとんどの車が三菱のMB-710-Cで、スライダーは三角カーボンを使用し、長さは国鉄より約100mm長い。他形式車とパンタ舟の互換性のため、使用開始後まもなく全車の舟取付部を拡げた。

連結器は中間部を密着連結器のままとして前後端は自連に取り換え、空気連結器を母線栓受側に新設。床下配線は全て電線管に収めた。また、新製当時より使用していた劣悪な電線をすべて引き直すとともに、その後も逐次検査の上交換して万全を期した。

室内では、腰掛に背摺を取付けて奥行き拡大させた。第1回目は腰掛の後ろに角材を入れて布団はそのままとして座り心地を改良。第2回目はバックシート（背摺）を付けてさらに座り心地をよくした。第3回目は腰掛、背摺ともにグリーンのテレンプ張りとして在来車と同等になった。床は一重張りであったが、台枠補強の際に二重張りとし、点検蓋縁を設けた。

1900形で好評だった広幅貫通路を在来車にも波及させることになり、1800形が第1号として1951（昭和26）年6～7月に車体補強とともに1,100mm幅に拡幅し、幌を取付けた。戸閉元三方コックを桜木町事故に鑑み運転台内に増設。1953（昭和28）年1月に三段窓を二段全上昇式に改造した。

3.6　東急厚木線（相模鉄道）向

小田急デハ1806～1808→相鉄モハ3001～3003
小田急クハ1856～1858→相鉄クハ3501～3503

当時東京急行電鉄傘下にあった小田急経由で入線。1946（昭和21）年6月26日にデハ1803～1808、クハ1853～1858の12両が厚木線に貸与された。その後、1947（昭和22）年2月に1809+1859、1810+1860の4両が入線した。東急管理下における貸与は、実質的には配属に等しい状態であった。

1947（昭和22）年5月31日に東急の管理を打ち切ったため、1803～1805、1853～1856の6両と同年2月転入の4両は小田急に復帰。1806～1808、1856～1858の6両は1947（昭和22）年11月1日に正式に譲渡された。

63形が続々と改造されているのに原形のままで乗客からは不評を買っていたが、1951（昭和26）年にモハ3001～モハ3003、クハ3501～クハ3503に改番。1954（昭和29）年12月に蒲田車輛により改造を始め、1955年にかけて肋骨天井、裸電球、草臥れたシートは全て改造され、室内は白塗り、床はリノリウム張り、腰掛は緑色のシートになった。三段窓の二段窓化、通風器交換、腰掛の一部撤去、連結器自連化、台枠の補強を行った。

西谷駅に停車中の相模鉄道モハ3001+クハ3500形横浜行。この半世紀以上の後に西谷を起点として実現した都心直通も、63形入線による車体大型化が功を奏した結果といえるだろう。
1956年　西谷　P：佐藤進一

西武国分寺線モハ402＋クハ1451（1421より改番）。正面妻板の強制通風器を撤去し、運行窓を廃止したのでオデコが広く見える。室内は天井を張り、電灯にはグローブが付いた。
1955.9.8 国分寺 P：丸森茂男

3.7 割当以外に私鉄へ移籍したモハ63

　モハ63は極度に切り詰めた戦時設計であったことと、酷使により事故が相次ぎ、焼失車両も多く発生した。しかし、当時は戦後の復興期で慢性的な車両不足にあえぐ各私鉄でも1両でも多くの車両が欲しい状況であった、このような事故車両の中から下記のような私鉄に移籍した車両について紹介する。

●西武モハ402・クハ1421（←モハ63024・63057）

　1945（昭和20）年川崎製のモハ63024が1948（昭和23）年9月16日に淵野辺付近にて土砂に乗り上げ大破。1949年3月28日付で廃車。西武鉄道に払い下げられて西武所沢工場で改造。1951（昭和26）年1月にモハ402として誕生した。

　一方、1946（昭和21）年日車製のモハ63057は、1949（昭和24）年7月15日に三鷹駅にてモハ63019を先頭とする回送電車が無人のまま暴走し、車止めに乗り上げて駅舎まで突っ込み大破。1951（昭和26）年1月7日付で廃車。西武鉄道に払い下げられて西武所沢工場で改造。1951年1月にクハ1421として誕生、モハ402と連結して使用を開始した。車体は上部クリーム、下部チョコレート色。

●東武モハ6303初代（←モハ63046）
●西武クハ1422（←モハ63470）

　1946（昭和21）年川崎製のモハ63046が東武鉄道モハ6303として割り当てられたが、台枠破損のため同年12月に川崎車輌に返却された。

西武国分寺線クハ1401（1451より改番）＋モハ401。
1968.10.20 国分寺ー一橋大学
P：丸森茂男

復旧後1947年に鉄道省モハ63470となって関西で活躍するものの、1950(昭和25)年9月5日に高槻～摂津富田で漏電のため全焼し1951(昭和26)年2月9日付で廃車。今度は西武鉄道に引き取られ、西武所沢工場で改造し、クハ1422として誕生。1956(昭和31)年9月に自社所沢工場で新製したモハ401と連結して使用開始した。塗色や改造後の経過はクハ1421と同様。

● 相鉄クハ3504(←モハ63056)

1946年川崎製のモハ63056が、1947(昭和22)年8月18日に吉祥寺でモーター発火による下回り焼失のため1949(昭和24)年3月28日付で廃車。相模鉄道に払い下げられ、津田沼にある大榮車輌(公式ではカテツ交通KK)に入場して1952(昭和27)年3月に改造された車両である。

前面の切妻の幕板を切り詰めて屋根前端部を丸めた平妻形状に改め、三段窓の二段窓化と通風器を小型のガーランド式二列に取替えたので、一見して63形の面影はなく、戦前のクハ55のようなスタイルに変わった。腰掛の一部撤去、連結器自連化、台枠の補強を行っている。

● 小田急サハ1751・1752(←モハ63168・63082)

下十條電車区で漏電のため全焼したモハ63168(1947年川崎製)と、綾瀬駅で漏電により全焼したモハ63082(1946年川崎製)は、1949(昭和24)年3月28日付で廃車。1951(昭和26)年に小田急で特急ロマンスカー1700形を製造するにあたり、中間車サハ1751とサハ1752にこの2両の台枠を流用した。

相模鉄道クハ3504＋モハ3004の大和行。上から見るとクハ55と見間違うが、側面を見れば紛れもない63形と判るアングル。
1955.9.8 三ツ境 P：丸森茂男

番外編：モハ63形の同型車
● 三池炭鉱専用鉄道

1891(明治24)年12月25日に三井合名鉱山部の専用鉄道として開業、三井三池炭鉱から採掘される石炭および従業員の輸送を行った。2020(令和2)年5月7日、最後まで残っていた三井化学専用線(旭町線)が運行終了。

三池炭鉱専用鉄道ホハ200形ほか。ホハ200形は63形私鉄割当車ではないが、外観は明らかに63形と同型である。1950(昭和25)年日本車輌製でホハ201～205を製作。サハ78ベースであったが後年乗務員扉を設置。側引戸の開き方向がすべて車端側のためサハ由来の設計であることが判る。
1967.11.11 P：佐藤進一

1947(昭和22)年12月に近畿車輛で製造されたモハ63502の空気側である。1947年度車は床下機器配置を奇数・偶数の別なく統一した。台車の外側に断路器とその右には主回路フューズがあり、その位置にあった付加空気溜は元空気溜2本の奥に移動。側引戸は木製である。

P所蔵：星　晃

4．1947年以降の63形の増備

■1947(昭和22)年度

・モハ63形×257両
　500～558〔偶〕：近畿、560初代：川崎（→東武）
　560～692〔偶〕：川崎、501～569〔奇〕：日車
　571～601〔奇〕：日支、603～749〔奇〕：汽支
　720～746〔偶〕：汽支、748～786〔偶〕：日車
・サハ78形×50両　140～149*、150～189　近畿
　*1946年度から繰越

　モハ63の性能が戦前製造の車両より劣っていた点について1947(昭和22)年度より改良を行い、モハ63は500～として製造。全車が電装された。主電動機は軸受をコロ軸にしたMT40形となり、冷却空気を室内から入れる通風装置を設けた。

　車体は初期に製造車の一部を除いて全室形運転室となり、ベニヤ板の入手が可能になったので天井の中央部の天井板の幅を広げ、不足部分を覆うために金属製飾り帯を天井中央部の両側に設けた天井灯と予備灯を設置した。側引戸は7割以上が軽合金又は鋼製プレス製となったが、一部に木製や軽金属製も混在する。窓はガラス寸法が変わり、それに伴って窓枠の寸法もわずかに変わっている。

　台車はTR35(DT13)が基本で、モハ63668～692(偶数車)はTR35A(DT13)を履いた。サハ78140～149の10両は1946(昭和21)年度予算で計画されたが、予算上の問題で1947年度に繰り越された。1946年度車と車体はほぼ同様で、台車はTR36である。

■1948(昭和23)年度

・モハ63形×92両
　694～718〔偶・1947年度から繰越〕：川崎
　751～839〔奇〕：汽支、788～840〔偶〕：川崎
　842～854〔偶〕：近畿
・サハ78形×30両　210～239：近畿

　1948(昭和23)年度は国鉄規格の大型ベニヤ板が入手できるようになり、天井板が全面張りとなった。製造途中から腰掛布団もモケット張りとなり、客室内の設備が向上した。主電動機はノーズ部の設計を変えたMT40Aとなった。

　主制御器は、戦前から引き続き、電磁空気カム軸式のCS5形主制御器である。CS5形は芝浦製CS1形、日立製CS2形、CS3形夫々の設計の違いを製作・検修に便利なように改良して統一設計したもので、1931(昭和6)年3月に設計を完了。1500Vに昇圧後の省線電車の標準型主制御器である。制御段数は直列5段・並列4段合計9段で、カム軸駆動方式は電磁空気式である。電空式は圧縮空気によりシリンダ内のピストンを動かし、ラックに見合った歯車で回転部を回転させてカム軸上に取り付けたカムの凹凸により接触器の切り離し動作を行う方式である。電磁空気カム軸式は、圧縮空気でカム軸を駆動させる際の不正確な挙動と装置内への空気配管が必要であるが、僅かな電力と動作の正確なカムモーターを使用した電動カム軸式制御器が私鉄で普及して主流となっていた。

　1945(昭和20)年から鉄道省工作局とメーカーで新しい主制御器CS10形の共同設計を開始、1948(昭和23)年にCS10形の試作品として数種を製作し、

1948(昭和23)年6月に車体が汽車支店で完成後、東電で電装を行って7月に完成されたモハ63763。側引戸が鋼製のプレスドアとなった。主抵抗器の手前にMGがある。主制御器CS5の右側に断流器はない。1953(昭和28)年2月に吹田工でモハ73051に改造された。
1950.8.10 大阪　P：伊藤　昭

CS100A、CS101、CS102、CS103をモハ63形の約20両に装着して走行試験を行った。

　台車はTR35(DT13)が基本で、モハ63694〜718(偶数車)はTR35A(DT13)、モハ63771〜839(奇数車)は鋳鋼台車枠のTR39(DT15)を、モハ63802〜840(偶数車)は鋳鋼台車枠のTR37(DT14)を履いた。パンタグラフがPS13Aになり、側引戸は鋼製プレスのものが標準となった。1948年度のサハ78210〜239はモハ63と同じくベニヤ板入手の改善により、天井板を全面に張り、腰掛もモケット張りになったと思われる。台車はTR36である。

■**1950(昭和25)年度**
・モハ63形×4両　855〜858：川崎

　1948(昭和23)年度から1年おいて1950(昭和25)年度に4両を増備。モハ63形の最終ロットとなったが、車体は既に1948(昭和23)年度量産に際しての見込み生産分で、製作余剰となったものを国鉄が買い上げたものである。台車はTR37(DT14)で、落成は1951(昭和26)年1月である。

　細部に亘って横須賀線用新型車モハ70系並みの改良があり、運行灯幅拡大、日除け鎧戸装備、運転室背後に窓設置、天井に整風金具設備、電灯2列、腰掛背摺布張り、窓錠が装備された。グローブ・ベンチレーターも70系に合わせて丸胴部の上端部を内側に折り曲げたスマートな形状となった。

　従来、主制御器CS-5内にあるSR5形断流器では遮断容量が小さく、過電流に対しては焼損の恐れがあったため、CS-5主制御器と別箱の遮断容量の大きなSR106形遮断器を搭載した。在来車では1948(昭和23)年度の改造工事で東鉄と大鉄のモハ63形200両に対して大井工場で180両、吹田工場で20両の工事を行っている。

　最後の4両が落成した3ヶ月後に、63形の運命を左右する桜木町事故が発生してしまう。

モハ63形最終ロット4両のうちの1両であるモハ63856は1951(昭和26)年1月川崎車輌製で、1953年9月に改番のみでモハ73400となった。DT14形台車と新型通風器、7本足のパンタ歩み板、CS5主制御器の横にSR106断流器が見える。
1950年頃　新宿　P：沢柳健一

Column1　モハ63系の台車

　モハ63系の台車については、モハ63とサハ78は戦災電車から流用した軸バネ式電動台車TR25と付随台車TR23が最初で、戦後は軸受にベアリングを使用したTR35と付随台車TR36、台車枠を鋳鋼製としたTR35A、ウィングバネ式のTR37や軸バネ式TR39が現れた。

　鋼体化改造のクハ79は木造車の釣合梁式TR10やTR11を流用。戦後は軸受にベアリングを使用したTR36を履いた。また高速台車振動研究会の研究成果として、軸梁式のMD1とOK1の試作台車が開発され、サハ78の一部で試験が行われた。

＊電動台車の形式変更
電車の電動車用台車は従来、客車や制御車・付随車と同じTRの称号を付けていたが、主電動機を搭載する構造のため客車や制御・付随車と共用することがないので1949(昭和24)年10月20日に記号をDTに変更し、追い番号を付けることにした。以下文中(カッコ)内形式は、1949年以降制定される電動車用台車形式。

●TR23

　1929(昭和4)年のスハ32系客車用台車で採用。1950年代初めまで客車や電車で幅広く使用された。ペンシルバニア型と呼ばれる鋳鋼製の軸箱守とI形鋼を結合して側梁、鋳鋼製の横梁(トランサム)をリベット結合させ、軸箱守下部同士を平鋼製の大控で結んだ構造の台車である。軸箱上部に単列配置の軸バネを内蔵し、軸箱自体は軸箱守(ペデスタル)内を上下に摺動する軸バネ式である。枕バネは重ね板バネで、揺れ枕吊を持つ。軸受は平軸受である。

●TR25(DT12)

　モハ40・42・51形等の電動車用台車である。主電動機搭載による心皿重量増加に対応するため、軸距を2,450mmから2,500mmに延長。主電動機の起動時に発生する衝撃を緩和するために主電動機のノーズ受にバネを設けた。モハ63001～014が戦災電車から取り外したものを流用し、その後もしばらく流用が続いた。

●TR25A(DT12A)

　モハ52形関西急電用。スウェーデンSKF社製のボールベアリングコロ軸受を装着。その後TR35に改称された。モハ63形への使用実績はないが、台車の発展経緯として取り上げた。

●TR35(DT13)

　客車用TR34の電動車仕様で、モハ63形で最も数の多い台車である。軸距2,500mm、車輪径910mmで、軸受は国産のベアリングを鉄道車両に採用。メタル摺合わせの平軸受から球形のベアリングを使用したローラーベアリング付となった。主電動機のノーズ受のバネは巻数を増やして柔らかくし、台車の横梁の強度を上げて衝撃吸収性を高めた。1台車重量は6,690kg(主電動機除く)である。

●TR35A(DT13)

　I型鋼の供給不足により台車側梁を鋳鋼製に替えて台車枠の主要部を一体の鋳鋼製にした。側梁の天地幅が大きくなり外観上の見分けができる。1947(昭和22)年度川崎車輌製のモハ63668～718(偶数)が履く。1949(昭和24)年の電動台車の形式制定でTR35AはDT13に統一された。

●TR36

　TR35の付随車用。軸距2,450mm、車輪径860mmで、サハ78・クハ79に大量採用された。

●TR37(DT14)

　電車の運転速度の高速化に伴い、従来の型鋼材や鋳鋼製部材をリベットで結合した台車は走行時の振動等による歪みが大きく、破損することがあった。また、戦後の圧延工業復興の遅れによるI形鋼の入手難により、台車枠の主要部を一体の鋳鋼製にしてリーマボルトで強固に締結して軸箱守上部にあった単列の

TR23(サハ57形)　　　1941.2.3　蒲田電車区　P：沢柳健一

TR25(DT12)　　　1959.11.5　池袋電車区　P：豊永泰太郎

TR25A(DT12A)(モハ60117)
　　　　　　　1956.2.26　松戸電車区　P：沢柳健一

TR35(DT13)(モハ63300→クハ79140)
　　　　　　　1946.10.25　田町電車区　P：沢柳健一

軸バネを軸箱左右に並べたウィングバネ式として1947（昭和22）年に扶桑金属工業が設計。バネ室の高さを減じながらバネを柔らかくすることを可能にした。

側梁には横梁との固定のためのリーマボルト用の穴が開けられているが、台車製作会社により穴の形状や大きさが異なる。1948（昭和23）年度のモハ63802〜840（偶数車）と1950年度の最終ロットのモハ63855〜858が履いた。

● TR39（DT15）

TR37のウィングバネ式はバネ下重量が過大になるという欠点があり、軸バネ式に戻したものを扶桑金属工業が設計。台車枠は軸箱守と側梁を一体鋳造とし、TR35やTR37台車との共通部品化を図った。TR35を基本に側梁を一体の鋳造に置き換え、TR35の軸箱守とTR37の揺れ枕装置を組み合わせたのがTR39である。これによりローワー・レールが不要となり、外観が大きく変わった。側枠と横梁の接合部はリーマボルトで固定されている。1台車重量はTR37の8,283kgから7,476kg（主電動機除く）に軽量化された。また、振動性能が著しく改善された。モハ63771〜839（奇数車）が履いた。

TR37（DT14）とTR39（DT15）の両者を比較した結果、バネ下重量が軽く台車の点検が容易であることからTR39がTR39A（DT16）となって引き継がれ、TR37は客車用TR40へ引き継がれた。

● OK1

国鉄とメーカーによる高速台車振動研究会の振動・蛇行動の研究成果を受けて開発した新型台車の一つで、川崎車輌が設計した電動車用の台車である。一体鋳鋼製の台車枠であるが軸箱守はなく、台車枠中央部左右から台車外側に長い腕のような形状の軸梁を台車枠にピンで止めて自由に上下出来るようにした長腕形軸梁式台車である。従来の軸箱守と台車枠には軸箱の上下動に伴う摺動部分があり、摩耗が進むと隙間（遊間）の拡大によりガタツキが生じて蛇行動の発生原因となるという欠点があったため、軸梁式台車ではその摺動部をなくした。車軸内側の腕の内部に軸バネが単列で配置されている。

軸箱は球面コロ軸受を使用。軸箱が傾いても無理のない構造とした。枕バネは従来の重ね板バネである。1台車重量は7,430kg（主電動機除く）である。OK1台車は簡単に付随車用に変更できるため、当初サハ78193、後にサハ78104に装着して試験を行った。また、サハ78375やモハ63652にも装着した記録があるが、正式採用には至らなかった。

● MD1

OK1と同じく高速台車用として三菱三原車両が設計した付随車用台車である。短腕形軸梁式、軸梁式非連成形台車で、軸距2,450mm、車輪径860mm、1台車重量は6,700kgである。台車枠はH形鋼製で、片持ち式のスイングアームで軸箱守のない点はOK1と似ている。MD1は軸梁を短腕型として軸バネを車軸の外側に配置している。枕バネは板バネを止めコイルバネを2列並べ、T式リンクと呼ばれる長い揺れ枕吊により横揺れ周期を長くして横方向の衝撃の緩和を図った。枕バネは摩擦力の大きな重ね板バネから柔らかいコイルバネに変えたが、横から力がかかった際の折れ曲がり防止のため、連結棒で上下の揺れ枕を連結し、バネ内側には躍動防止のための「スナツバ」と呼ばれる内筒と２つ割の外筒がバネの収縮に伴って摩擦しながら動くバネの減衰効果を狙った。腕で支持された軸箱は上下方向には自由に動くが、左右動に対しては側梁側面に２対を水平方向に取り付けたトーションバー（ねじり棒）で抑制される。曲線走行時でも左右動を許し復元力による蛇行道の減少を目指した。軸受は自動調心式球面コロ軸受を使用し、輪軸の動きの円滑化を図った。『電気車の科学』1949年「高速度車MD1」によると1948（昭和23）年7月に大井工機部でサハ78199に取り付け、在来車と試作台車装着車を交えた６両編成で大崎〜平塚間で試運転を実施。MD1台車装着車の乗り心地は動揺が小さく、低速、高速域ともに非常に良好とされている。その後同車は中野電車区に配属されて営業に供された。サハ78193、サハ78104にも取り付けた記録が残されている。

TR37（DT14）（モハ72153）
　　　　　1956.4.15　下十条電車区　P：中村夙雄

TR39（DT15）（クモハ73331）
　　　　　1966.11.26　陸前原ノ町電車区　P：豊永泰太郎

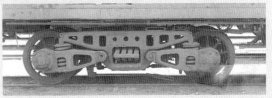

OK1（サハ78形）　　　1953.5.4　大井工場　P：中村夙雄

63系から90系へ　正面デザインの変化

モハ63形　　　　　　　　　1948.11.3　東京　P：沢柳健一

モハ63→73形　　　　　　　　　　　　P所蔵：鈴木靖人

クハ79350　　　　　　　　　　　　P所蔵：鈴木靖人

モハ73901　　　　　　1954年頃　東京　P所蔵：鈴木靖人

モハ73174(後のモハ73900)　1956年頃　大崎　P所蔵：鈴木靖人

クハ79921　　　　　　　　1956.8.31　戸塚　P：沢柳健一

クモハ73003　　　1963.1.2　津田沼電車区　P：豊永泰太郎

クハ79形　　　　　　　　　　　　　P所蔵：鈴木靖人

クハ79901　　　1954.8.8　蒲田電車区　P所蔵：鈴木靖人

クハ79389　　　　　　1956.6.4　P：鈴木靖人

モハ73902　　　1957年　大崎　P所蔵：鈴木靖人

モハ90500　　　1957.7.2　平塚　P：沢柳健一

5．桜木町事故とその対応

5.1 桜木町事故で露呈したモハ63の欠陥

1951（昭和26）年4月24日13時42分、春の昼下がりの桜木町駅で京浜線桜木町行の5両編成（モハ63756＋サハ78144＋モハ63795＋サハ78169＋モハ63399）が到着しようとして進行中、場内信号機付近で上り線の架線が弛んでいるのを認めたが、下り線の架線に異状を認めなかったのでそのまま進行した。第11号（イ）転轍器が35km/h制限のためブレーキを掛けて、第11号（イ）転轍器付近に差し掛かった時、突然屋根上から大きな火花が出たので、直ちに非常ブレーキを掛けて停止した。

運転士は直ちにパンタグラフを降下したが自車だけは降下せず、間もなく運転台の天井から発火したので客室を見たところ、天井付近一面火の海となったため客室に入ることができないと認め、運転台海側の扉から飛び降りて1・2両目の連結器上に乗り、2両目の扉を手動で開けた。

間もなく1両目から2両目に延焼してきたが、通電しているのでためらっていたものの火が燃え移る状態となってきたので、折柄便乗していた電車掛と協力して2・3両目間の連結器を切り放して駅員に連絡し、桜木町方に3両を移動した。

1両目の電車は発火から延焼するまで非常に火の回りが早かったので旅客の救出も及ばず、死者97名、重傷後死亡8名の合計105名の死者、負傷者94名を出す日本の鉄道の歴史上、当時最悪の大惨事となった。先頭のモハ63756は全焼、2両目のサハ78144は一部焼失した。事故当時の先頭車モハ63756には160～170名が乗車していたと推定された。

事故原因は、事故当日の午後に桜木町駅構内の架線碍子の取替作業を実施中、誤ってメッセンジャーワイヤー（トロリー線を吊っている線）をアースさせてしまい、メッセンジャーワイヤーが切断したことに端を発する。トロリー線が弛んだところがその地点がたまたま渡り線付近であったため、渡り線と上り線のトロリー線の高さの差が生じた。

そこへ折から下り1217B電車が渡り線を渡って進行してきたため間に合わず、同電車の最前部のパンタグラフが上り線のトロリー線に引っ掛かり、トロリー線を断線。運転士は直ちにパンタグラフを降ろしたが、断線したトロリー線の一部分が電車の最前部のパンタグラフに絡みついたため、当該パンタグラフだけは降下せず、その碍子台にアースし、そのためアークが連続発生し、付近の屋根木部等の可燃物に引火燃え広がったものと思われる。

我が国鉄道史上最悪の事故として世間を震撼させたモハ63形が引き起こした大惨事は、三段窓の小さなガラスと鋼鉄製の客引戸が車内からの脱出を阻んだこと、貫通路の扉が引戸ではなく車内側からの開戸であったことが隣の車への避難の妨げとなり、手動で開けられるドアコックも乗務員の試験用で一般乗客に周知されていなかったことも車両火災の拡大を引き起こす原因となってしまった。

この写真の車両は桜木町事故の被災車ではないが、63形では絶縁状態の不良による起因の車両火災がしばしば生じていた。このモハ63168は下十条電車区での漏電による火災で1949（昭和24）年に廃車された後に小田急電鉄へ譲渡、その台枠がロマンスカーの中間車サハ1751に転用された。

1949.5.11　経堂　P：荻原二郎

サハ78101の室内妻板部。当初は貫通扉は開戸であった。扉の左側に把手が、右側に蝶番が見える。
1946.10.25　田町電車区　P：沢柳健一

モハ72620の室内妻板部。新製車は貫通扉が引戸に改められている。
1957.6.15　大井工場　P：沢柳健一

5.2　モハ63の緊急特別改造工事

　モハ63の欠陥は世の中で厳しい批判に晒され、「ロクサン形電車」は粗製乱造の欠陥電車としてその悪いイメージを背負ってしまった。事態を重く見た国鉄では、他の修繕工事を中断して63形電車の緊急特別改造工事を敢行。同年6月20日から11月末までの期日で、1両当たり2〜3日で対象車両2550両について、以下の緊急工事を完了させた。

①貫通式に改造：1,500両　10月末完成
車両間の貫通路に湘南電車と同様の貫通幌を設置。内開き式の扉を撤去。

②警報装置新設：2,550両　10月末完成
乗客から乗務員に非常の際に連絡できるように客室内に非常ブザースイッチ（警報装置）を設ける。

③戸閉め三方元コック増設：2,460両　10月末完成
非常時に客室内から手動で開けられる客室内のドア開放コックは従来からあったが、専ら部内の検査用であり、一般の乗客にその操作方法を含めて周知していなかった。そこで、その戸閉め三方元コックの所在をわかりやすく表示し、非常の際に一般の乗客が容易に取り扱えるようにする。客室内中央側引戸付近の床上1.5m位の高さの所に1ケ所、床下既設の反対側に1ケ所三方元コックを増設。内部コックを確認できるガラスの覗き窓付の蓋を開けて全部の扉が手動で開けられるようにした。

④パンタグラフの二重絶縁：1,250両　10月末完成
1932（昭和7）年以降の新製車のパンタグラフは、パンタ折り畳み高さを低くする目的で二重絶縁の碍子によらず、車体に碍子を介して取り付けていたが、大きな機械的衝撃によって碍子破損、取付ボルト屈曲等にも電気的にも耐えられるように二重絶縁方式を採用。PS13パンタグラフでは車体に桜材の絶縁処理した木台を取付け、木台に碍子を取り付けた。二重絶縁改造されたパンタグラフは銀白色に塗装された。

⑤ブザ装置を24Vに改造：2,200両　10月末完成
ブザ装置は従来、電車線から電動発電機を介した100V電圧であったが、停電の際にはその機能を失う欠点があり、24V蓄電池式に改めて警報装置と予備灯の電源を兼ねるようにした。

⑥天井に防火塗料塗粧：1,460両　10月末完成
防火塗料はできるだけ熱の移動を防ぐ塗膜を作り、木材の発火点に達する時間を長くして時間を稼ぐことのできる塗料で、市販品のものから優れたものを選び、とりあえず電動車のパンタグラフ下天井に塗装する。さらにパンタグラフ付近は万が一パンタグラフが倒れても接地短絡が生じないように全て

モハ63形を中間車化改造することでモハ72形が登場した。写真は中央線のモハ72319。CS5形主制御器とSR106形断流器が並ぶ。

1954.4.3 東京
P：鈴木靖人

に絶縁の対策を行った。

　これらの緊急工事は6月20日より本格的に始まり、1両2～3日工程20両完成、工事に必要な車両は約50両に達する。一方、電車の使用効率は著しく高まっており、検査修繕用の予備車は極めて少なくなっているので、工事のために毎日50両を捻出することは至難であった。工事の中で天井の防火塗料は電車区内でできるが、他の5項目は工場で実施することになり、わずか130日の短期間で目標の緊急工事を完成させるためには時間外の勤務をしても捌ききれず国鉄の関係工場はかなりの負担になる。一部の工事は他工場に委託するか電車区で引き受けるということになった。

　緊急特別改造工事として、車体更新は電車担当の多い大宮・吹田・豊川・幡生・松任・長野・盛岡の各鉄道工場と部品製作には浜松工場が加わり、5月から試作と設計を同時進行させ、本格的な工事は6月20日からで、それまでに完了した車両は試作車とした。改造は1両当たり2～3日工程で、1日に20両を完成出場させるためには約50両を工場に入場させなくてはならないという厳しい工程であったが、10月までの僅かの期間でモハ63形、サハ78形、クハ79形をはじめ、国鉄電車全車両2,550両の工事を完了した。

　10月末までに完成する以外にさらに徹底した改良が必要で、三段窓の改良、鋼板の使用範囲拡大、耐火木材の採用が在来車のみならず、新製車にも実現が急がれることになった。

5.3　63形から72・73形へ

　モハ63形の緊急特別改造工事は1951(昭和26)年11月末で完了したが、さらに徹底した改良工事として、モハ63形の不燃化更新と車種改造工事が1953(昭和28)年6月から始まり、運転台付車をモハ73形に、運転台無中間電動車をモハ72形に、その他クハ79・サハ78形へ改造された。工事内容は下記の通りである。

①天井板を仕上鋼板に交換し、プレス製通風金具を装備して難燃性塗料を塗布。
②三段窓を全部可動式に改造し、カーテンを設備。
③貫通路を700mmから正規の800mm幅に拡幅。
④屋上設置機器の絶縁を強化し、遮断器と配線を改良。
⑤約半数の運転室を撤去。

　国鉄の3工場の他に車両メーカー3社に外注し、3年間で完了させるという大工事である。不燃化更新はモハ63形のうち、290両が運転台なしのモハ72形に、281両が運転台付のモハ73形に改造・改番された。20両はサハ78形、76両がクハ79形に改造の上、改番編入されている。

　1952(昭和27)年後半以降は新製車と同一規格で施行し、1953年10月には63形はわずか12両となった。ジュラルミン車は1954年に着工し、全金属試作車体に更新されて同年7～8月に出場した。

　こうして1955(昭和30)年3月に更新が完了、悪名を世間に広めたロクサン形は桜木町事件や三鷹事件の証拠物件の一部の車を除き、更新されて72系へと姿を変えた。

　戦前型車両の更新も1953(昭和28)年下期以降本格化して全車両に及び、1940・50年更新済み車両も再更新された。いずれも絶縁強化のため屋根と通風器を改装し、天井・腰掛袖などに不燃塗料を使用し、一部の車には室内化粧板に難燃化加工を試みている。

1952(昭和27)年度製のクハ79306。旧63形に比べ屋根が浅く軽快な印象となり、側出入口上にもヘッダーが巻かれるようになった。台車は鋳鋼台車枠のTR48形。　　　　　　　　　　　　　　　　　　　　　　　　　　　　1953.5.16　東京　P：沢柳健一

6. モハ72形・クハ79形の新製 1952年以降

　緊急工事が終わったモハ63形は引き続き更新修繕工事を行い、形式をモハ72・モハ73形と改めた。その間モハ63形の工場入場車の増加により車両不足となるため、モハ72形とクハ79形を新製した。

　折しも国鉄では社型車や木製車整理補充と通勤輸送強化のため、1952(昭和27)年度より通勤専用電車の増強が開始された。新製モハ72とクハ79は1952(昭和27)年から1957(昭和32)年まで増備を続け、モハ72は278両、クハ79は213両を生産。旧63形を合わせると1443両が生産された。

■1952(昭和27)年度
・モハ72×13両
　500～505：東急、506～508：汽支、
　509～512：日支
・クハ79×8両
　300～306〔偶〕：東急、308・310：汽支、
　312・314：日支

　1952(昭和27)年度はモハ72形・クハ79形の合計21両が新製された。車両メーカーは東急、汽車支店、日車支店である。

　モハ63形更新車からの変更点は、運転室仕切壁を全面ガラス窓として引戸を設けたこと、空気窓拭機の設置、腰掛布団幅を広げ、日除けに鎧戸を設置、車体側面は客用出入口上にもドア・ヘッダーが巻かれた。

1952(昭和27)年度製のモハ72512。CS10形主制御器を搭載、クハと同様に浅くなった屋根や鋳鋼台車枠のDT17形台車が目に付く。1位側妻面の窓がない。　　　　　　　　　　　　　　　　　　　　　　　　　　　　　　　　　　1960.1.29　茅ヶ崎　P：豊永泰太郎

29

1953(昭和28)年度製のクハ79322。戸袋窓のほか、正面窓も開閉可能窓を含めHゴム支持とされた。
P：鈴木靖人

通風器はモハ63形のラスト63855〜858から採用された新形状のものである。またモハのパンタグラフ側の1位側妻面に屋根昇降用の梯子が設置されたほか、2位側には高圧配電盤が設置されたため、妻窓が廃止された。

主制御器は戦前型の電磁空気カム軸式のCS-5から戦後に電動カム軸式のCS-100形の試作と試験を繰り返して量産化されたCS10を70系モハ70に続いて採用。CS5の直列5段・並列4段からCS10は直列7段・並列6段の多段式で弱め界磁起動付となり、起動ショックの少ない滑らかな加速が可能となった。界磁制御器はCS-9からCS-11となった。

台車はモハが鋳鋼台車枠で軸バネ式のDT17を、クハはクハ86の増備車やクハ76と同型の鋳鋼台車枠で軸バネ式のTR48を採用した。

■1953(昭和28)年度
・モハ72×40両
 513〜520：日車、521〜526：日立、
 527〜531：汽支、
 532〜536：日支、537〜540：近畿、
 541〜544：帝車、545〜552：東急
・クハ79×19両
 316〜322〔偶〕：日車、324〜330〔偶〕：日立、
 332・334：汽支、336・338：東急、
 340〜344〔偶〕：近畿、346・348：帝車、
 350・352：日支

戸袋窓と側引戸、貫通引戸、前面窓の一枚ガラスがHゴム支持化された。クハ79形のラスト2両79350・79352は試験的に前面窓周りを妻面から一段凹ませて、後退角5度の傾斜を付けて前面窓上部に空気取入口を設置したので、前面の表情が異なる。車両メーカーは日立と帝国車輛も加わり、7社となった。

1953(昭和28)年度製のクハ79350。前面窓回りを凹ませて5度傾斜させた2両のうちの1両で、この350は1963年10月に、もう1両の352も1969年6月にいずれも事故廃車となった。
1954.7.3　津田沼電車区　P：鈴木靖人

1954(昭和29)年度製のモハ72558。Hゴム化された戸袋窓には保護棒が付く。手前の側引戸は腰にプレス凹みのない新型に交換済。
1963.5.5 明石電車区
P：豊永泰太郎

■1954(昭和29)年度

第一次：6両
・モハ72形×3両　553～555：日支
・クハ79形×3両　354～358〔偶〕：日支

第二次：14両
・モハ72形×12両
　556～561：日支、562～567：近畿
・クハ79形×7両　360・362：近畿、
　301～305〔奇〕：日支、307・309：近畿

第三次×69両
・モハ72形×42両　568～578：近畿、
　579～588：日支、589～598：近畿、
　599～609：日支
・クハ79形×27両
　364～376〔偶〕近畿、378～390〔偶〕日支、
　311～323〔奇〕近畿、325～335〔奇〕日支

モハのMGが3KWに強化された。クハは79350・352の前面窓周り傾斜角5度を10度に拡大して彫りが深くなり、正面のウィンド・シル、ウィンド・ヘッダーが廃止されてより平滑な顔つきとなった。車両メーカーは日車支店と近畿車輛である。

■1955(昭和30)年度

第一次：18両
・モハ72形×4両
　610～611：日支、612・613：近畿
・クハ79形×14両
　337～349〔奇〕：近畿、392～404〔偶〕：近畿

第二次：62両
・モハ72形×35両
　614～623：近畿、624～637：日支、
　638～648：汽支
・クハ79形×27両
　351～367〔奇〕：近畿、369～379〔奇〕：日支
　381～387〔奇〕：汽支、406・408：近畿、
　410～420〔偶〕：日支

1955(昭和30)年度製のクハ79379。350・352に対し前面窓回りの凹みの傾斜は10度となり、上下のシル・ヘッダーがなくなった。
1956.4.15 下十條電車区
P：中村夙雄

1955(昭和30)年度製のモハ72620。1位側は妻窓がなく梯子が設けられている。避雷器はLA12形である。
1956.3.31 三鷹電車区 P：鈴木靖人

モハの2位側(非パンタ側)妻面に簡易運転台を設けて下部に埋込式の標識灯を設置、妻窓は両側ともにHゴム支持の固定窓になった。床下にはタイホンが取付けられた。車両メーカーは日車支店・近畿車輌・汽車支店である。

■1956(昭和31)年度

第一次：70両

・モハ72形×37両
　649〜654：日支、655〜660：近畿、
　661〜665：日支、666〜679：汽支、
　680〜685：近畿

・クハ79形×24両
　422：日支、424・426：近畿、428：日支、
　430〜436〔偶〕：汽支、389：日支、
　391・393：近畿、395・397：日支、
　399〜413〔奇〕：汽支、415〜419〔奇〕：近畿

第二次：98＋10両

1955(昭和30)年度製モハ72645に設置された簡易運転台。妻面窓はHゴム支持とされている。
1956.3.24 三鷹電車区 P：沢柳健一

1955(昭和30)年度製モハ72形の2位側には簡易運転台が付く。左はモハ72632の外観、右は同形式の簡易運転台側の妻面で、標識灯が設けられている。
左：1957.3.2／右：1956.3.31 三鷹電車区 P(2枚とも)：鈴木靖人

1956年度製のクハ79447。前照灯が額に埋め込まれ、一目で新型と判るスタイルになった。
1956.11.7 東京
P：沢柳健一

・モハ72形×33両＋低屋根15両
　686〜689：川崎、690〜695：日支、
　696〜701：汽支、702〜703：近畿、
　704〜708：川崎、709〜713：日支、
　714〜718：近畿、
　850〜864（山用）：日立
・クハ79形×44両
　438〜442〔偶〕：川崎、444・446：日支、
　448〜462〔偶〕：汽支、464〜468〔偶〕：近畿、
　470〜478：日立、421〜439〔奇〕：川崎、
　441〜445〔奇〕：汽支、447〜457〔奇〕：近畿、
　459〜467〔奇〕：日支

1956（昭和31）年度よりクハ79形の前照灯が屋根上から幕板部に埋め込みとなった。戦前からの屋根上に飛び出したステー取付式から脱却し、モハ90形へと続く、突起物のない一段と洗練された前面のデザインになった。

第二次以降ではさらに鋼板屋根として曲率が小さくなった。雨樋も木製から鋼製となあるが、車両メーカーや製造時期によって鋼製と木製雨樋が混在している。床板には鉄材が使用された。モハは二次の72686〜でプレス鋼板溶接組立のDT20A形台車を履いた。

モハ72850〜864は車体全高を3,950mmと在来車より140mm下げた低屋根仕様で、トンネル断面の小さい中央線「山用」である。歯車比は2.87で変更はない。車両メーカーは日車支店、汽車支店、近畿車輛で、二次車は川崎車輛と日立製作所が加わり、山用は日立製である。

なおこれらの車両と同じ1956（昭和31）年度には、920番代が付番された全金属製車体の車両が9両およびモハ90形試作車10両が登場するが、これらについては後述する。

1956年度製のモハ72854。山岳線用の薄い屋根と70系に倣った横須賀色で軽快になった姿。台車はDT20Aである。
1963.12.8 甲府　P：豊永泰太郎

全金属製車体試作車による5両編成。先頭よりクハ79900＋モハ72900番代＋サハ78900＋モハ72900番代＋モハ73901で、いずれもジュラルミン車体から細いアルミサッシが輝く全金属製車体に生まれ変わった。　　　　　　　　　　　　1954.8.8　蒲田電車区　P：鈴木靖人

7．全金属製車体の試作と量産

1951(昭和26)年4月の桜木町事故がきっかけとなって車体の不燃化が急務となり、手始めに70系のモハ70800(後にモハ71001に改番)が全金属製車体の試作第1号として1952年10月に大井工場で完成した。このモハ70800に続き、ジュラルミン車体で1947(昭和22)年1月に登場した川崎車輌製のモハ63形・サハ78形の計6両について、1954(昭和29)年に全金属車体の試作車として改造することになった。

7.1　第二次全金属車体試作車（ジュラルミン車改造）

■1954(昭和29)年度：全金車6両

・モハ63形→モハ72形×2両・モハ73形×1両
　モハ63900→モハ72900、
　モハ63901→モハ73901、
　モハ63902→モハ72901：いずれも大井工
・サハ78形→サハ78形×1両・クハ79×2両
　サハ78200→サハ78900、
　サハ78201→クハ79900、
　サハ78202→クハ79902：いずれも大井工

ジュラルミンと鋼材の異種金属による電蝕と腐食の進行により車体の更新修繕が必要になってきたため、モハ70800の経験をもとにジュラルミン車6両を第二次全金属車体試作車として大井工場に入場。1954(昭和29)年8月に更新修繕を終えて出場した。(36頁に続く)

全金属製車体の試作第1号、国鉄モハ71001(←モハ70800)。室内の化粧板を軽合金製とし、床面にはリノリウムを張り、網棚や掴み棒はステンレス管を使用。窓枠は二段上昇式で、横桟には樹脂製素材を使用している。
1956.3.31　三鷹電車区
P：沢柳健一

ジュラルミン車体より全金属製試作車体に改造されたモハ73901。この車両とクハ79900は前面窓の傾斜がなく、外板からの凹みが浅い。
1954年　P所蔵：岡田誠一

全金試作車のクハ79902。左頁写真のクハ79900と同時期に車体を新製したが、隅柱の丸みが大きく、前照灯は半埋込式、前面窓の凹みと傾斜が大きい。
東京　P所蔵：鈴木靖人

■全金属試作車・新製車一覧表

形式	車番号	両数	前形式	記事	落成年月
モハ71	71001（←70800）	1	新製	窓帯あり	1952年10月
モハ72	72900	1	63900	窓帯あり・旧ジュラルミン車	1954年7月
	72901	1	63902	窓帯あり・旧ジュラルミン車	1954年7月
	72920～72924	5	新製	窓帯なし・雨樋埋込	1956年8月
	72925～72963	39	新製	窓帯なし・雨樋埋込・室内蛍光灯	1957年5～11月
サハ78	78900	1	78200	窓帯あり・旧ジュラルミン車	1954年7月
モハ73	73900	1	73174	窓帯あり・前窓傾斜・方向板上中央	1956年7月
	73901	1	63901	窓帯あり・前窓垂直・旧ジュラルミン車	1954年7月
	73902	1	73400	窓帯なし・雨樋埋込・前窓傾斜・方向板上左	1957年3月
クハ79	79900	1	78201	窓帯あり・前窓垂直・方向板上・旧ジュラルミン車	1954年8月
	79902	1	78202	窓帯あり・前窓傾斜・方向板上・旧ジュラルミン車	1954年8月
	79904	1	78144	窓帯なし・雨樋埋込・前窓傾斜・方向板上左・TR48台車	1957年6月
	79920～79923	4	新製	窓帯なし・雨樋埋込・前窓傾斜・方向板上左	1956年8月
	79924～79949・79951・953・955	29	新製	窓帯なし・雨樋埋込・前窓傾斜・方向板上左・室内蛍光灯	1957年5～11月

全金試作車のモハ72901(モハ63902の改造)。新製車と同様に側引戸上のドアヘッダーが付いた。CS5主制御器とSR106断流器が並ぶ。　　　　　　　　　　1955.10.30　御徒町　P：沢柳健一

全金試作車のサハ78900。アルミサッシの中桟が細い。MGを搭載している。　　　　　　1954年　大井工場　P所蔵：鈴木靖人

(34頁からの続き)側出入口上に幕板帯(ドアヘッダー)を巻き、車体剛性を向上させた。屋根にはビニル屋根布を張り、室内の天井や化粧板はアルミ板を張り、天井と室内化粧板はメラミン焼付塗装として6両ともに異なった色調を試行した。室内は国鉄が日本鉄道技術協会に委託した「カラーダイナミックスの鉄道車両への応用」の研究の成果である色彩調節の考え方を採り入れ、天井は照明効果を考えて出来るだけ明るい色を選んだが、白だけでは落ち着きがないので明るい全車ともにクリーム色で統一した。

室内の色彩は明るいものを主体として、通勤電車内にふさわしい落ち着いた緑系から4種類、暖色系から2種類を選んだ。座席のモケットは従来の緑色の他に薄赤、薄緑を選んだ。窓は前回の樹脂製窓枠を止めて、アルミニウムの押出型材を用いて組み立てたユニットサッシ構造となった。

この6両では、ジュラルミン製当初より天井灯には直流式の蛍光灯を使用していたが、放電管の寿命が短く1年後位で白熱灯に改造されていた。今回の更新修繕に際して直流、交流式の7種類の蛍光灯を採用し、比較検討が行われた。

7.2　第三次全金属車体試作車　モハ73174

■1955(昭和30)年度：全金車(試作)×1両

・モハ63848→モハ73174→モハ73900：大井工

1955(昭和30)年度更新のモハ11307と11305、クハ16559とともにモハ73174が大井工場に入場。モハ73174は1956(昭和31)年7月に更新修繕を終えて出場した。

モハ73174は旧モハ63848で、1948(昭和23)年9月近畿車輛製の後期車である。1953(昭和28)年6月に更新修繕を行ってモハ73174に改番されたが、その後事故に遭い、休車となっていた。そのため第三次全金属車体試作車の種車になったと思われる。

前回の全金属試作車と同様の外観で、シル・ヘッダー付、固定窓はHゴム支持、二段上昇窓はアルミサッシである。前面窓は凹みが深いHゴム支持の傾斜窓が3枚並び、固定窓は全てHゴム支持。前面妻板の隅柱の丸みが大きい形状である。

全金試作車のモハ73174。隅柱の大きな丸みと半埋込式の前照灯、大型行先表示幕や前面窓回りの凹み形状が特徴。乗務員扉は引戸で後位側に開く。1957年3月にモハ73900に改番された。

1956.7.28　東京
P：沢柳健一

国鉄本社前に現れた新製の全金属車体試作車、クハ79922。シル・ヘッダー、雨樋まで幕板上端に隠し、完成されたスタイルになった。しかし、乗務員開戸とその窓枠は木製である。
1956.8.24　東京－神田　P：鈴木靖人

7.3 全金属製車体量産車（920番代）の登場

■1956（昭和31）年度：全金車（量産）×9両

・モハ72形×5両
　920～921：日支、922～924：近畿
・クハ79形×4両
　920・921：日支、922・923：近畿

　全鋼車はモハ72920～、クハ79920～の920番代が付番されたグループで、車体側幕板上端部に雨樋を内蔵し、窓帯を消して窓は全金属試作車同様のアルミサッシ二段上昇窓とし、客用側引戸は腰板にプレス凹みのない鋼板プレートとし、ノーシル・ノーヘッダーに加え、雨樋の突起もなく、平滑で洗練された車体デザインとなった。正面の方向板は点灯式窓型とした。

■1956（昭和31）年度：全金車（量産）×68両

・モハ72形×39両　925～963：近畿

・クハ79形×29両
　924～949・951・953・955：近畿

　前回の全鋼製試作920番代に続く量産車である。全車が近畿車輛製である。外観上では二段窓の四隅に角Rが付いて柔らかい雰囲気になり、側灯が側面埋込型になった。室内では前回の試作車で見送られた蛍光灯を本格的に採用した。1957（昭和32）年9月落成のモハ72937～、クハ79932～は側面床下にあった非常用ドアコックが車体床上に移動し、側面下部にその点検蓋が設置された。

　モハ63形を引き継いだモハ72形、クハ79形の生産はモハ72963、クハ79955を以って終了。車体デザインは見違えるほど進化し、窓上下に巻かれた帯状のウィンド・シル、ウィンド・ヘッダーは車体外板内に埋め込まれ、悪評高き三段窓はアルミサッシの銀色もまばゆい二段上昇窓となり、雨樋も車体に内蔵されて一体化されるなど、実用本位の切妻車体ながら、戦前をはるかに上回る平滑な車体デザインになった。

こちらも新製の全金属車体試作車であるモハ72920。アルミサッシと明るいグレーのHゴムが、平滑となったぶどう色の車体に映える。
1956.8.31　戸塚　P：沢柳健一

37

全金属車体量産車のクハ79924。1957(昭和32)年度製の新製車から二段窓の四隅に角Rが付いた。新製9年後の姿で、乗務員扉は木製の開戸である。
1966.11.20 柏
P：中村凰雄

7.4 第四次全金属車体試作車

■1956(昭和31)年度：全金車(試作)×2両
・モハ63856→モハ73400→モハ73902：大井工
・サハ78000→サハ78144→クハ79904：大井工

モハ70800(後にモハ71001に改番)とジュラルミン製車6両に続き第三次全金属車体試作車としてサハ78144とモハ73400が大井工場に入場。1957(昭和32)年3月に更新修繕を終えて出場した。

モハ73400は旧モハ63856で、1950(昭和26)年1月に製造されたモハ63の最終ロット、モハ63855～63858の4両のうちの1両。モハ72174と同じく更新修繕を行わずに1953(昭和28)年9月1日付でモハ73400に改番・改称していたが、窓・貫通路・機器統一等の更新工事は未施工と思われ、それらの工事を含んで第四次全金属車体試作車の種車になったと思われる。

クハ79904の種車サハ78144は事故を起こして休車になったものを更新修繕して生まれた車である。車体

全金属車体量産車のモハ72959。1957(昭和32)年度の新製車から二段窓の四隅に角Rが付き、側灯が埋込になった。ドアコックも側面下部に埋込となっている。
1962.9.29 大井工場 P：鈴木靖人

は両者ともに1956(昭和31)年8月に完成したモハ72920～、クハ79920～全金属車体試作車とほぼ同デザインの車体で、ノーシル・ノーヘッダーで雨樋を幕板内に隠した平滑な車体である。920番代新製車と異なるのは前面窓周りの凹みの形状や前面隅柱の丸みが大きい点である。

モハ73902は920番代と同デザインの車体で唯一の制御電動車となった。1957(昭和32)年2月にクハ79904が、3月にモハ73902が完成した。

モハ73902。前面の隅柱の大きな丸みと前面窓の凹み形状がクハ79920番代と異なる。乗務員扉が引戸であることに注意。
1957年 P所蔵：岡田誠一

クハ79904。モハ73902と共通の前頭部形状である。乗務員扉は引戸で、TR48台車を履く。　　1957年　P所蔵：岡田誠一

Column2　新製モハ72・クハ79の台車

●DT17
鋳鋼台車枠で単列の軸バネを上に配置したペデスタル式軸箱支持で、枕バネは台車枠の側梁の外側に大きく張り出した2列のコイルバネを持ち、揺れ枕吊を長くして左右の間隔を広くとって乗り心地を改善。枕バネにはオイルダンパーを取付けた。

●TR48
鋳鋼製台車枠で、軸バネを軸箱上部に配置したペデスタル式軸箱支持で、DT17と同様に振動抑制のために揺れ枕吊を長く、左右の間隔を大きくとって枕バネを並列配置としたDT17と同じ構造の台車であるが、長軸車軸を使用して台車枠の側梁が外側に張り出しているためか、枕バネの飛び出しが小さく、重厚なDT17に比べて軽快な外観である。クハ86の増備車やクハ76と同型である。

●DT20A
プレス鋼板製溶接組み立ての台車枠に軸バネは2列並列配置のゲルリッツ式。枕バネはDT17と同じく2列配置でオイルダンパー併用である。DT20は1954（昭和29）年製のモハ70049～70052で初採用。その後軸受を円錐コロ軸から円筒コロ軸に、台車側枠の形状を変更したDT20Aがモハ72や80で採用された。吊り掛け式駆動の最後の形式となった。

DT17　モハ72形　　1955.11.10　鶴見操車場　P：丸森茂男

DT20A　モハ72921　　1956.8.31　平塚　P：沢柳健一

TR48　クハ79921　　1956.8.31　平塚　P：沢柳健一

①近畿車輛にて完成・出場したモハ90501＋モハ90000(後のクモハ101-901＋モハ100-901)。車体はモハ72920・クハ79920番代を継承した切妻の4扉で、幕板上端に隠した雨樋がすっきりとしたデザインである。側出入口は国鉄で初の本格採用となる両開き式で、1,000mmから1,300mmに拡大された。
1957.6.22　放出　P：佐竹保雄

8. モハ90形の登場

8.1　カルダン駆動の導入経緯とモハ90形の発注へ

　従来の電車はモーターの片側が台車に取り付けられ、もう一方は車軸に載せられ、車軸に固定された大歯車とモーター軸の小歯車が直接噛み合う吊り掛け駆動方式であった。

　台車から車軸上にぶら下がった約2トンのモーター2基が軌道の凹凸に合わせて上下左右に常に揺れ動く。軌道からの衝撃はモーターへ機械的なダメージと整流状態や乗り心地にも悪影響を与える。1930年代に欧米で開発されたモーターを台車に装荷して自在継手で駆動させるカルダン駆動方式は国内では戦後になって研究が始まる。カルダン駆動にはモーターを動力

90系高速試験時の室内(モハ90501)。「この車の台車はDT21 となりの車は空気ばね付DT21」の表示が見える。
1957.11.14　P：星　晃

■モハ90試作車 編成図　　　　出典：モハ90形式新性能電車説明書付図　1957年6月

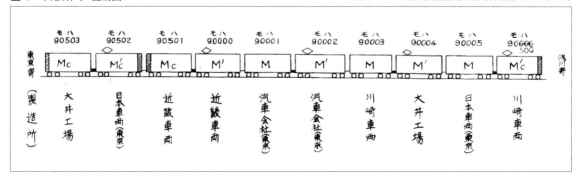

上はモハ90000のDT21形台車。台車の右に見えるのは荷重検知装置。右はDT21形台車に装着されたMT46A形主電動機。
左：1957.6.22 放出　P：佐竹保雄／右：1958.2.15　P：星　晃

輪軸と直角に置く「直角カルダン」は東芝で、輪軸と平行に台車に装荷して駆動させる「平行カルダン方式」は、三菱電機の米国ウェスティングハウス社との技術提携によるカップリング継手方式の中実軸平行カルダン、東洋電機の撓み継手による中空軸平行カルダンの開発を進められた。1952(昭和27)年から阪急や東武でカルダン駆動の試作車が現れ始め、1954(昭和29)年には私鉄各社での導入が始まった。

国鉄では通勤電車による輸送力増強の他に東海道本線全線電化による長距離電車の高速化という構想があったが、約5000両の蒸気機関車を無煙化してディーゼル機関車、気動車、そして電車に置き換えて動力近代化を全国的に推し進めることにあり、小回りの利く大都市近郊の私鉄と優先順位が異なる国鉄でカルダン駆動の導入が遅れたのは必然の結果であったと言える。カルダン駆動はメーカーによって日本流に磨き上げられて実用に十分耐え得るレベルまでに熟成し、国鉄にとっても正に機は熟したと言える。

国鉄は1956(昭和31)年5月の新製車発注でモハ90の設計・生産がスタート。1957(昭和32)年6月に国鉄大井工場、日本車輌東京支店、汽車会社支店、近畿車輌、川崎車輌5社で試作された各2両が完成し、関西メーカーの4両が一足早く落成試運転を行って6月26日に品川に到着。7月2日に10両編成で試運転を行い、待望のモハ90は鮮やかなオレンジバーミリオン色の車体で注目を集めた。

三鷹電車区に配置となったが、すぐに営業運転には入らず、7～8月にかけての東海道本線等で種々の性能試験が最初の任務であった。そして、10～11月には2回に亘り高速度試験や長距離高速試験を実施。1両は空気バネ台車に履き替え、ギヤ比を高速用に変更して最高速度135km/hを記録。1958(昭和33)年11月に運転開始が決まった東京～大阪間ビジネス特急の開発に大きく寄与した。そして1957(昭和32)年12月から中央線ラッシュ時で営業入り。新性能通勤型国電の幕開けであった。

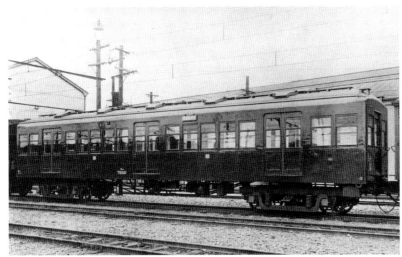

90系で採用された両開き扉は、戦前に木造車の鋼体化改造で生まれたサハ75021で試行されたことがあったが、戦災で廃車されたため国電ではそれ以来の復活となった。外観と室内の模様。
左：P所蔵：星　晃／右：1941.7.2　池袋電車区　P：沢柳健一

90系営業開始までの道のり

⑤国鉄大井工場で製造中のモハ90503。
1957.6.15　P：沢柳健一

②完成間近で重心測定中のモハ90003。
1957.6　川崎車輛　P：星　晃

③関西での試運転。モハ90500他4連。
1957.6.25　高槻　P：佐竹保雄

④新製の72系920番代に牽引・回送されるモハ90501他。
1957.6.26　醒ヶ井　P：星　晃

⑥モハ90500他10両編成による試運転。
1957.7.2　品川　P：鈴木靖人

■90系電車 製造から営業開始まで

年月日	写真番号	摘要
1957.6.15	①	モハ90501-モハ90000近畿車輛分完成。
1957.6.23	②	モハ90003-モハ90500川崎車輛分完成。
1957.6.25		近畿車輛・川崎車輛分4両、90501-90000+90003-90500が大阪〜西明石間公式試運転。高槻電車区経由宮原入庫。
1957.6.26	④	関西分4両をモハ72系6両新造車牽引にて90形無動力で大阪→東京回送。
1957.6.27		モハ90002汽車会社分完成。
1957.6.28		モハ90005-モハ90502日本車輛分完成。
1957.6.29	⑤	モハ90503-モハ90004国鉄大井工場分完成。
1957.7.2	⑥	モハ90形10両公式試運転
1957.7.4	⑦	モハ90形試運転・東京駅にて展示会。東京〜中野間で試運転。
1957.7.11〜8.13		モハ90形は大井工場・三鷹電車区・中央・東海道本線で各種の性能試験を実施。
1957.10.25〜10.30		モハ90形による長距離高速試験が東海道本線で実施。試験に際し、歯車比の改造、空気バネ台車の履き替え、高速用パンタグラフの取付が行われる。
1957.10.30		モハ90形高速試験で135km/hを記録。
1957.11.10〜11.14	⑨	モハ90形長距離試運転。東京→大阪
1957.11.12		モハ90形などの試験の結果を参考に、東京〜大阪間を6時間半で結ぶ電車特急実現を国鉄常務理事会で決定。1958(昭和33)年秋の営業運転開始を目指す。
1957.12.16	⑩	モハ90中央線朝ラッシュ時で営業運転開始。
1958.2.15	⑪	モハ90形量産型が近畿車輛にて完成。
1958.2.18		モハ90形量産型モハ90521+522が三鷹電車区に初配属。
1958.5.13〜5.18	⑫	モハ90561+033がECAFE大井工場にて展示
1958.10.20	⑬	モハ90系列初のT車であるサハ98完成。
1958.12.24	⑭	汽車会社で前日に完成した国鉄初のセミステンレス車体試作車サロ95901・902の公式試運転。モハ90形の間に挟み込み。神田←90607-90608+95901+95902+90011-90512→品川。国鉄に引き渡し。
1959.6.1		国鉄電車関係車両称号規定の改正。前回の昭和28年4月の改正から6年ぶり。
1959.6.10以降		工場入場中の車両から称号・形式番号の書き換えを実施。
1959.6.10		モハ101-66として新造車完成。以降の新造車は新称号・形式で出場。
1959.12		モハ90〜モハ82の改称・改番(二桁→三桁番号化)作業完了。

⑦モハ90503他10両編成による試運転。
　　　　1957.7.4　飯田橋－市ヶ谷　P：鈴木靖人

⑪モハ90量産型(モハ90522＋521)による試運転。
　　　　1958.2.17　大阪　P：星　晃

⑧空気ばね台車を使った高速度試験。モハ90502他。
　　　　1957.10.29　大崎　P：星　晃

⑫ECAFE鉄道展で展示されるモハ90561＋モハ90086。
　　　　1958.5.18　大井工場　P：大那庸之介

⑨4両編成による東京～大阪間の高速度試験。モハ90501他。
　　　　1957.11.14　沼津　P：星　晃

⑬サハ98を連結した8連(4M4T)の試運転列車。モハ90594他。
　　　　1958.10.20　塚本付近　P：佐竹保雄

⑩中央線で営業運転を開始したモハ90501他8連。
　　　　1957.12.16　三鷹　P所蔵：岡田誠一

⑭サロ95形900番代×2両を90系に挟んだ試運転列車。
　　　　1958.12.24　平塚　P：沢柳健一

近畿車輛で完成したモハ90501（後の
クモハ101-901）。
1957.6.14　P：星　晃

8.2　モハ90形試作車の登場

■モハ90形：10両

・モハ90000〜90005／モハ90500〜90503

　モハ90形は1957（昭和32）年に中央線に登場したオレンジ色の電車で、軽量高速回転のモーターを台車に装荷した国鉄初のカルダン駆動方式で、モハ72系後継となる通勤型車両である。全軸動力車で、制御・補助機器を2両に配分した1ユニット2両の固定編成とし、側引戸を両開き式とする画期的な通勤電車である。車体はモハ72920・クハ79920番代を継承した切妻の4扉で、幕板上端に隠した雨樋がすっきりとしたデザインである。屋根形状も920番代と同様であるが、ベンチレーターはグローブ型から角型の大きな通風器の千鳥配置に変わった。

　側出入口は国鉄初の本格採用となる両開き式で、1,000mmから1,300mmに拡大された。窓配置を一新し、側窓幅は720mmから920mmに拡大してドア間は細い窓柱を挟んだ2枚1組となった。固定窓はHゴム支持を使わず軽合金を使用。銀色の細い縁取りが全体的に角張った印象を与える。台車はモハ72のDT20Aを

モハ90000（後のモハ100-901）。
19570615　近畿車輛　P：星　晃

モハ90005（後のモハ101-903）。
1957.9.21　三鷹電車区　P：堀越和正（所蔵：川崎哲也）

モハ90500（後のクモハ100-901）。パンタグラフは旧性能電車と同様のPS13形を装備している。屋根形状は72形920番代と同様であるが、ベンチレーターはグローブ型から大型の角型のものの千鳥配置に変更された。
1957.7.2　平塚
P：沢柳健一

44

継承し、鋼板プレス製台車枠のウイングバネ式DT21となった。

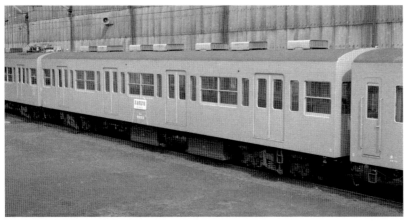

モハ90形量産車の運転室内。
1958.2.15 近畿車輛 P：星 晃

90系試作車と量産車の比較。上はモハ90003（試作車）、下はモハ90033（量産車）で、両車ではベンチレーターが角型の千鳥配置からグローブ型に、固定窓は角ばった軽合金製の縁取りからHゴム支持に、雨樋は72920番代と同様の幕板上端に隠した方式から一般的な取付となり、デザインの先進性はやや後退した。
上：1957.11.12 田町電車区
P：沢柳健一／
下：1958.3 田町電車区
P：鈴木靖人

■形式図 クモハ101形900番代（旧モハ90形500番代奇数）　　　　出典：101系通勤形電車付図　1962年

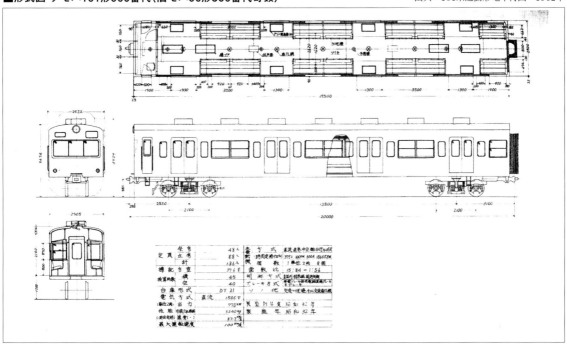

モハ90形量産車モハ90594（後のクモハ100-42）。屋上のグローブ型ベンチレーターや固定窓のHゴム支持は後の101系・103系量産時にも受け継がれた。
1959.7.17　東京
P：堀越和正
（所蔵：川崎哲也）

8.3　モハ90形量産車の登場

1958（昭和33）年2月には早くもモハ90形に量産車が登場した。雨樋の形状は側面埋込式から外側に取り付ける一般的な形になり、通風器もモハ72系と同型のグローブ型に、窓ガラス支持もHゴム式となってやや外観が変わった。

中央線はラッシュ時に8両編成が2分間隔でやって来るという日本一の過密線区であったが、モハ90による全電動車が増加すると変電所容量で対応できないことがわかり、ラッシュ時の全電動車10Mから8M2Tに減量して急場をしのぐ対策に変更されて、同年9月には早くも新形式として、付随車のサハ98が現れた。

そして1959（昭和34）年6月に国鉄電車の形式称号改正を実施。新性能電車については100から始まる3ケタ番号の形式に移行されることとなり、モハ90系は下記の様に変更され、101系となった。

● モハ90形500番代〔奇〕→クモハ101形
　モハ90501・503→クモハ101-901・902
　モハ90511～617〔奇〕→クモハ101-1～54
● モハ90形500番代〔偶〕→クモハ100形
　モハ90500・502→クモハ100-901・902
　モハ90512～618〔偶〕→クモハ100-1～54
● モハ90形0番代〔奇〕→モハ101形
　モハ90001・003・005→モハ101-901～903
　モハ90011～113〔奇〕→モハ101-1～52
● モハ90形0番代〔偶〕→モハ100形
　モハ90000・002・004→モハ100-901～903
　モハ90012～114〔偶〕→モハ100-1～52
● サハ98形0番代〔奇〕→サハ101形
　サハ98001～051〔奇〕→サハ101-1～26
● サハ98形0番代〔偶〕→サハ100形
　サハ98002～052〔偶〕→サハ100-1～26

急遽付随車が組み込まれることになり製造されたサハ98形量産車サハ98050（後のサハ100-25）。将来の電装を考慮し、屋上にパンタ台が設置されている。
1959.7.17　東京　P：堀越和正（所蔵：川崎哲也）

モハ90の側引戸上部（上）と床下の戸閉機。いずれもカバーを外して撮影。　1958.2.15　近畿車輛　P（2枚とも）：星　晃

■量産モハ90番号表　昭和33年８月10日　国鉄工作局臨時車両設計事務所

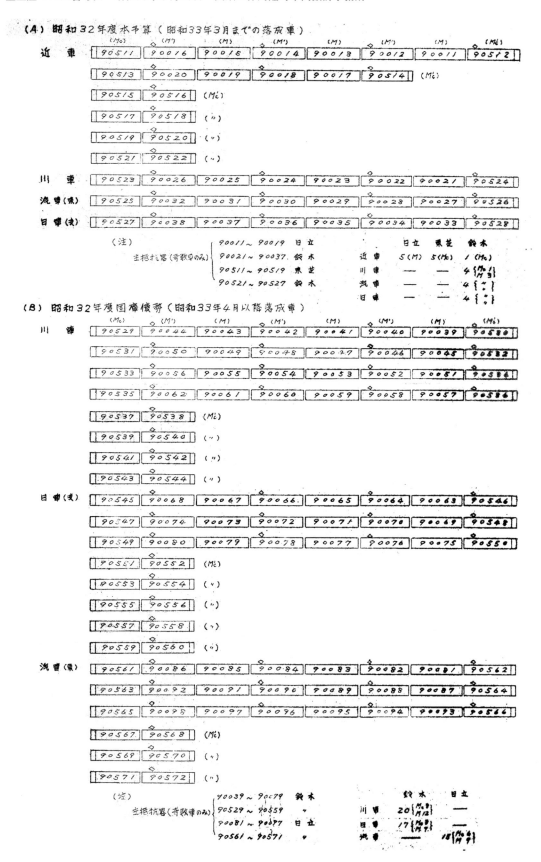

おわりに

　太平洋戦争末期と敗戦後の日本のどん底の時代に生まれたモハ63形は、剥き出しの天井と裸電球、暖房もなく電装品すら間に合わず自力で走れない客車同然の姿から出発。戦後の復興と共に700両を越える大量生産で同じく疲弊していた大手私鉄にも割り当てられた。粗製乱造の結果、火災が相次ぎ、桜木町事故では多数の死傷者を出してロクサン型は世の批判を浴びてしまう。緊急特別改造工事に続き不燃化をさらに徹底してモハ72・73形に更新。全金属車体にたどり着く。

　一方、台車については防振性能向上と軽量化が進み、コイルバネやオイルダンパーを使用して乗り心地向上に努めてきた。

　私鉄にも割り当てられた63形は、酷評されながらも持ち前の４扉大型車体が輸送力増強に大きく貢献。日本の４扉通勤車の原形になった。モーターとギヤが直接噛み合う吊掛駆動から、小型軽量の高速モーターを台車に装荷して自在継手で駆動させるカルダン駆動の導入では私鉄が先行し、量産車が活躍を始めた。国鉄は高性能電車ではやや出遅れてしまうが、鉄道、メーカーの各社が日本流に磨き上げて実績を確立するなか、1957(昭和32)年に満を持してモハ90試作車を登場させた。

　90系は高速度試験で135km/hを記録。矢継ぎ早に量産車が投入されてオレンジの電車が急速に増殖する。モハ90の走り装置をプラットフォームにした次なる目標の長距離高速電車が目前に迫ってきた。

　新性能電車黎明期の２ケタ形式の車両については、次の機会で未知の世界に挑む国鉄初の特急電車20系(後の151系)について取り上げる予定である。末筆ながら貴重な資料や写真の提供でご協力を頂いた多くの方々に感謝の意を申し上げる。

稲葉克彦

※参考文献と協力者名は、今後予定される２ケタ形式の新性能電車シリーズ最終号で掲載します。

EH10 50牽引の上り貨物列車と並ぶ
モハ90500ほか試運転列車。
—1957.6.26 平塚　　P：星　晃